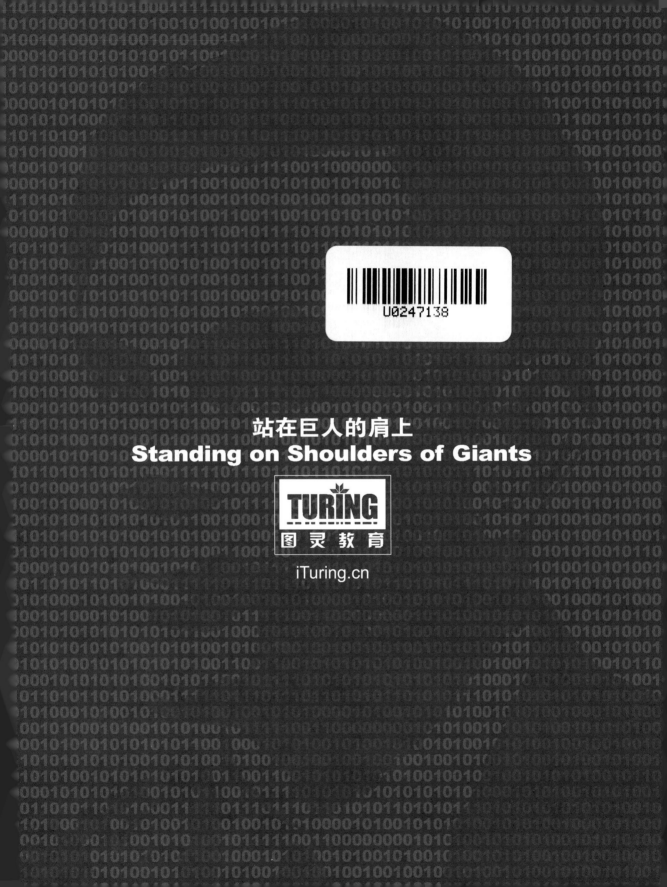

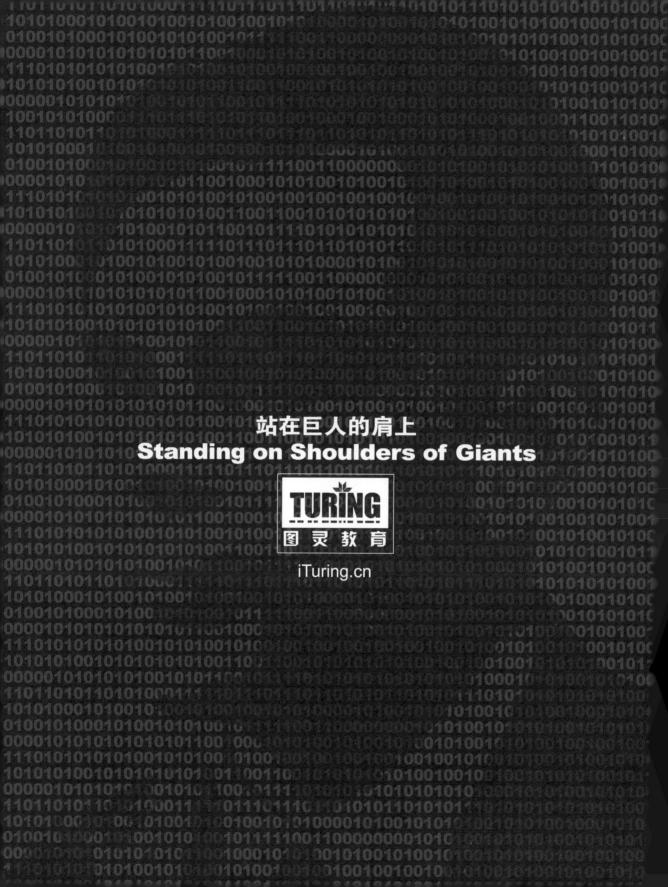

图灵程序设计丛书

Java for the Real World

JAVA 实践指南

[美] 菲利普·约翰逊 著　武传海 译

人民邮电出版社

北　京

图书在版编目（CIP）数据

Java实践指南 /（美）菲利普·约翰逊
(Phillip Johnson) 著 ; 武传海译. -- 北京 : 人民邮
电出版社, 2019.9
（图灵程序设计丛书）
ISBN 978-7-115-51786-9

Ⅰ. ①J… Ⅱ. ①菲… ②武… Ⅲ. ①JAVA语言-程序
设计-指南 Ⅳ. ①TP312.8-62

中国版本图书馆CIP数据核字(2019)第172758号

内 容 提 要

  Java因其强大、易用等诸多优点而广受青睐、久盛不衰。本书是Java实践指南，从实战角度指导读者快速上手Java编程。各章结合代码示例依次介绍了JVM环境搭建、Java虚拟机、常用构建工具、编写并运行测试、Spring、Web应用框架、Web应用部署、数据库使用、日志和实用第三方库等内容。

  本书适合所有对Java编程感兴趣的读者作为入门指导。

◆ 著　　[美] 菲利普·约翰逊
  译　　武传海
  责任编辑　岳新欣
  责任印制　周昇亮

◆ 人民邮电出版社出版发行　北京市丰台区成寿寺路11号
  邮编　100164　电子邮件　315@ptpress.com.cn
  网址　http://www.ptpress.com.cn
  北京市艺辉印刷有限公司印刷

◆ 开本：800×1000　1/16
  印张：8.75
  字数：207千字　　　　　2019年9月第1版
  印数：1-3 000册　　　　2019年9月北京第1次印刷
  著作权合同登记号　图字：01-2017-7886号

定价：49.00元
读者服务热线：**(010)51095183转600**　印装质量热线：**(010)81055316**
反盗版热线：**(010)81055315**
广告经营许可证：京东工商广登字 20170147 号

版 权 声 明

Authorized translation from the English language edition, entitled *Java for the Real World* by Phillip Johnson Copyright © 2017.

All rights reserved. No part of this book may be reproduced or transmitted in any form or by any means, electronic or mechanical, including photocopying, recording or by any information storage retrieval system, without permission from the author. CHINESE language edition published by Posts & Telecom Press, Copyright © 2019.

本书中文简体字版由Phillip Johnson授权人民邮电出版社独家出版。未经出版者书面许可，不得以任何方式复制或抄袭本书。

版权所有，侵权必究。

引　　言

"所以，你打算把我调到开发岗位吗？"

"嗯，我是这样想的。"

从此，我成了一名 Java 开发者。不久，我便接手了一个写得很糟糕并且满是 bug 的 ETL 程序，它所依赖的框架早在我读高中的时候就已经废弃了，而且没有测试代码。我天真地想：我学 Java 差不多有一年了，对我来说，添加测试应该不难，只要仔细地重构代码就行了。但是，这些 XML 文件有什么用？独立文件中的 SQL 是怎么进入 DAO 和 DAOImpl 的？程序中为什么有 Ant 和 Maven 的构建脚本？（这个问题我一直没想明白。）Ant 和 Maven 又是什么？我又是 Google 搜索，又是请教专家，还动手做了试验，最终才好不容易搞定了这些问题。然而，写完自己第一个真正的 Java 程序时，想起这种语言的巨大反差带给我的折磨，我仍然惊魂甫定。

多年后，我晋升为高级开发工程师，团队决定新招一名初级开发人员。来了一个小伙子，他大学毕业刚一年，在之前的工作中主要使用 JavaScript。但是，他在学校学过 Java，并且很有天分。实际上，他的毕业设计是用 C++语言从零开始编写了一个 3D 图形渲染器。入职第一天，我给他展示了一个小的 Web 应用，这个应用以后就由他来做，并向他介绍了整个项目。很快，我就发现他对 Java 的理解只停留在语言层面，和几年前的我一模一样，而且他对 Maven、MyBatis 及 Tomcat 一概不懂。

对我来说，为自己的无知找个借口很容易，比如没有系统地学习过计算机科学。这个小伙子虽然在学校学过编程，可还是被难住了。我们的求学道路截然不同，但结果都是一名不合格的 Java 开发者。事实证明，大多数 Java 教学只停留在对标准库的讲解上。我编写本书的初衷是希望自己当初开始学 Java 时能有这样一本书。我希望在你开始 Java 职业生涯时，本书能给你提供一些帮助。祝你编码快乐！

电子书

扫描如下二维码,即可购买本书电子版。

目　　录

第 1 章　入门介绍 ························· 1
　1.1　目标读者 ···························· 1
　1.2　如何使用本书 ······················ 1
　1.3　搭建环境 ···························· 3
　　1.3.1　安装 Java ······················ 3
　　1.3.2　集成开发环境 ················ 3

第 2 章　Java 虚拟机 ···················· 5
　2.1　何为 Java 虚拟机 ················· 5
　2.2　JVM 版本 ··························· 5
　2.3　JVM 种类 ··························· 7

第 3 章　构建工具 ························ 9
　3.1　Ant ···································· 11
　　3.1.1　构建文件 ······················ 11
　　3.1.2　使用 Ivy 管理依赖 ········· 14
　　3.1.3　小结 ····························· 15
　3.2　Maven ······························· 16
　　3.2.1　Maven 任务 ··················· 16
　　3.2.2　项目对象模型文件 ········· 17
　　3.2.3　插件 ····························· 18
　　3.2.4　仓库和发布 ··················· 19
　　3.2.5　小结 ····························· 20
　3.3　Gradle ······························· 21
　　3.3.1　构建文件 ······················ 21
　　3.3.2　任务 ····························· 22
　　3.3.3　依赖管理 ······················ 23
　　3.3.4　Gradle 守护进程 ············ 24
　　3.3.5　小结 ····························· 25
　3.4　参考资源 ···························· 25
　　3.4.1　Ant ································ 25
　　3.4.2　Maven ···························· 25
　　3.4.3　Gradle ···························· 25

第 4 章　测试 ······························· 27
　4.1　向 IScream 应用程序添加服务 ··· 27
　4.2　编写测试 ···························· 30
　　4.2.1　JUnit ····························· 30
　　4.2.2　TestNG ·························· 31
　4.3　运行测试 ···························· 33
　4.4　使用测试替身 ······················ 34
　　4.4.1　为可模拟服务修改 IScream ··· 34
　　4.4.2　使用 Mocks 创建测试 ······ 35
　　4.4.3　EasyMock ······················ 36
　　4.4.4　Mockito ························· 37
　　4.4.5　PowerMock ··················· 39
　4.5　小结 ··································· 40
　4.6　参考资源 ···························· 40
　　4.6.1　综合测试 ······················· 40
　　4.6.2　测试框架相关 ················ 41

第 5 章　Spring ···························· 43
　5.1　Spring Core ························ 43
　　5.1.1　依赖注入 ······················ 43
　　5.1.2　属性 ····························· 49
　5.2　Spring Boot ························ 51
　　5.2.1　运行 Spring Boot 应用程序 ··· 51
　　5.2.2　配置 ····························· 52
　5.3　小结 ··································· 53
　5.4　参考资源 ···························· 53

第 6 章　Web 应用程序框架 ... 55
6.1　Java EE Web API ... 56
6.1.1　请求和响应 ... 56
6.1.2　JavaServer Pages ... 56
6.1.3　servlet 容器 ... 56
6.2　Spring MVC ... 57
6.2.1　模型 ... 57
6.2.2　视图 ... 59
6.2.3　控制器 ... 60
6.2.4　配置 ... 61
6.3　Spring Boot ... 64
6.3.1　Thymeleaf ... 64
6.3.2　运行 Spring Boot Web 应用程序 ... 65
6.4　JavaServer Faces ... 65
6.4.1　托管 Bean ... 66
6.4.2　JSF 视图 ... 69
6.5　Vaadin ... 70
6.5.1　布局和组件 ... 70
6.5.2　Vaadin UI ... 72
6.5.3　主题 ... 73
6.5.4　运行应程序 ... 73
6.6　小结 ... 74
6.7　参考资源 ... 74

第 7 章　Web 应用程序部署 ... 75
7.1　打包 ... 75
7.2　部署 ... 77
7.3　参考资源 ... 79

第 8 章　使用数据库 ... 81
8.1　Java 数据库连接 ... 81
8.2　Spring JDBC 模板 ... 82
8.2.1　IScream 新数据模型 ... 83
8.2.2　查询数据 ... 86
8.2.3　写数据 ... 87
8.3　MyBatis ... 90
8.3.1　查询数据 ... 90
8.3.2　写数据 ... 93
8.3.3　动态 SQL ... 95
8.4　Hibernate ... 96
8.4.1　领域 POJO 调整 ... 96
8.4.2　JPA 注解 ... 97
8.4.3　XML 映射 ... 98
8.4.4　写数据 ... 100
8.4.5　读数据 ... 101
8.5　小结 ... 102
8.6　参考资源 ... 103

第 9 章　日志 ... 105
9.1　java.util.Logging ... 105
9.2　Log4j ... 107
9.3　Logback ... 111
9.4　SLF4J ... 112
9.5　JCL ... 114
9.6　小结 ... 115
9.7　参考资源 ... 115

第 10 章　有用的第三方库 ... 117
10.1　JSON 支持 ... 117
10.1.1　Google Gson ... 117
10.1.2　Jackson ... 119
10.2　实用工具库 ... 121
10.2.1　Guava ... 121
10.2.2　Apache Commons ... 123
10.3　Joda Time 库 ... 126
10.4　小结 ... 127
10.5　参考资源 ... 127

附录 A　Docker ... 129
A.1　创建 Docker 镜像 ... 129
A.2　部署 Docker 容器 ... 130
A.3　注意事项 ... 131
A.3.1　内存 ... 131
A.3.2　JDK ... 131
A.4　参考资源 ... 131

第 1 章 入门介绍

1.1 目标读者

如书名所示，本书针对的是在商业环境中使用 Java 的人士。根据我的个人经验，学习 Java 体系几乎和学习 Java 语言一样困难。对经验丰富的程序员来说，相比于学习 Java 体系，学习 Java 语言可能没什么难度。虽然学习 Java 语言有大量工具可利用，但是介绍 Java 体系的资源并不多。本书旨在介绍编写专业 Java 软件所需的各种框架、工具和库。

不管你是刚毕业，还是自学过编程，只要你想进入这个领域，本书都能为你提供大量实用知识，招聘主管会很看重你是否具备这些知识。实际工作中，你可能根本不需要写什么排序算法，但你肯定会遇到使用 Hibernate 实现持久化的 Spring MVC Web 应用。另一方面，如果你已经是一名专业开发者，并且理解了相关概念，那你更有可能问自己："Java 是如何实现……的？"

本书不教授 Java 基础知识！阅读本书需要了解 Java 标准类库。如果你确实需要从头学习 Java，建议你首先阅读 *Head First Java*，然后再阅读一本比较新的深入讲解 Java 8 的书。

如果你准备好学习如何开发企业级 Java 应用了，那就开始吧！

1.2 如何使用本书

本书每章都会讲一个一般性概念，而且在某种程度上，各章相互依赖。所以，如果你有时间，建议从头到尾阅读本书。不过，如果你时间有限，可以只阅读感兴趣的章节。

文字解释的效果有限，所以本书会着重于代码呈现。相关代码都在正文中给出了，但简洁起见，省略了一些样板代码。访问本书中文版页面（http://www.ituring.com.cn/book/2438），可以找到完整的项目代码①。

---

① 你也可提交中文版勘误。——编者注

示例代码形式如下。

OrderService.java

```
27    public void save(Order order) {
28        try(Session session = sessionFactory.openSession()) {
29            Transaction tx = session.beginTransaction();
30            session.persist(order);
31            tx.commit();
32        } // Session 自动关闭
33    }
```

其他用于讨论或演示的代码形式如下。

```
public class HelloWorld {
    public static void main(String[] args) {
        System.out.println("Hello, World!");
    }
}
```

本书篇幅不大,我们不会详细讲解任何工具。很多情况下,已有专门的图书详细讲解了某个工具。本书旨在简要介绍一些工具及其基本用法。如果你想学习更多相关内容,请进一步阅读每章后面的参考资源。

阅读本书过程中,你会见到如下标志。

这到底是什么?

框架开发者喜欢用一些花哨的词描述其工具。比如,"Apache Maven是一个软件项目管理和理解工具"就很不容易理解。阅读这些部分,你可以快速了解某个工具的具体用途。

Java疣

Java是一门比较老的语言,向后兼容性较好。所以目前还存在许多过时的用法和大量废弃的标准库,本书称其为"Java疣"。

落后警告

这是一个警告,提醒你注意在遗留系统中可能遇到的一些东西。你应该尽量避免在新项目中使用这些东西。

超前警告

这与上一个标志正好相反。它提醒你注意 Java 中一些新引入的"东西",它们可能尚未被广泛采用。这不一定是坏事,只是提醒你注意。

更多内容

这里给出了更多相关信息,以补充正文中提到的内容。它们并不是特别重要,但是如果你感兴趣,可以把它作为延伸阅读。

1.3 搭建环境

1.3.1 安装 Java

安装 Java 的方法有很多种,请根据你所用的操作系统和个人喜好来选择。

Homebrew(macOS):`brew cask install java`

Chocolatey(Windows):`choco install jdk9`

Apt-Get(Linux):`sudo apt-get install default-jdk`

SDKMAN!(类 Unix):`sdk install java`

官方安装方法:访问 Oracle 官网,根据相关提示进行安装。请确保安装的是 JDK 而非 JRE。如果你选择了这种安装方法,请务必认真阅读 Oracle JDK 的许可协议(相关内容见下一章)。

这些工具会把 Java 放到你的 PATH 变量中。为了确认这一点,可在命令行中输入 `java -version`,输出信息如下所示。

```
java version "1.8.0_131"
Java(TM) SE Runtime Environment (build 1.8.0_131-b11)
Java HotSpot(TM) 64-Bit Server VM (build 25.131-b11, mixed mode)
```

此外,你可能还需设置 JAVA_HOME 环境变量,许多使用 Java 的工具都会首先查看它。你也可以在一台机器上安装多个 Java 版本,只需把 JAVA_HOME 指向主版本即可,这在测试 Java 新版本时很有用。

1.3.2 集成开发环境

常用的 Java 集成开发环境(IDE)有三种,分别为 Eclipse、IntelliJ 和 Netbeans。我青睐 IntelliJ,因为它的功能集丰富,并且集成了大量开发框架。不过,这三者之中,只有 IntelliJ 推出了付费版。它的免费社区版也不错，我家中计算机安装的就是社区版。对于工作项目，强烈建议使用付费旗舰版。

有些公司为了定制的插件和设置，明确要求开发者使用特定的 IDE 开发环境，实为多此一举。因为从技术上讲，在命令行中可以编译任何 Java 代码，所以开发者选用哪款 IDE 编写代码其实无所谓。

第 2 章 Java 虚拟机

2.1 何为 Java 虚拟机

多年来，支持多平台一直是 Java 的卖点之一。比如，你在 Mac 上编写和测试 Java 代码，然后将其部署到 Windows 服务器上，它也能正常运行。这是因为编译好的代码和操作系统之间有一个 Java 虚拟机（JVM），它可以把 Java 转换成本地系统调用。准确地说，具体承担这个转换任务的是一个 JVM **实例**。JVM 既可以指 Java 虚拟机规范，也可以指其某个实现。

2.2 JVM 版本

Java 维护者会定期更新 JVM 规范。通过这种方式，他们可以给 Java 添加新特性或对其进行改进。写作本书时，Oracle 公司发布的 Java 最新版本是 Java 1.9。方便起见，人们通常把 Java 1.9 简称为 "Java 9"，把 Java 1.8 简称为 "Java 8"，以此类推。

落后警告：过时的 JVM

然而有些公司对新技术并不怎么上心，金融行业尤为突出。有些 Java 学习资料、博客、新闻等设想读者用的是 Java 8 或 Java 9，实际上读者用的却是 Java 7，甚至是 Java 6。

明确程序将来在哪个 JVM 版本上运行十分重要，在着手开发之前就应该确定下来。JVM 版本不同，可使用的 Java 语言特性也不同。然而，不管你编写 Java 代码时使用的是哪个版本的 JVM，你都可以在自己的机器上安装最新的 JVM 来运行。这是因为 Java 有着良好的向后兼容特性，比如，针对 JVM 1.6 编写的 Java 代码可以在 JVM 1.8 上正常运行。

为了验证这一点，下面给出两个示例程序，它们的功能相同。

NamesOld.java

```java
import java.util.ArrayList;
import java.util.List;

public class NamesOld {
    public static void main(String[] args) {
        List<String> names = new ArrayList<String>();
        names.add("Foo");
        names.add("Bar");
        for(String name : names) {
            System.out.println(name);
        }
    }
}
```

NamesNew.java

```java
import java.util.ArrayList;
import java.util.List;

public class NamesNew {
    public static void main(String[] args) {
        List<String> names = new ArrayList<>();
        names.add("Foo");
        names.add("Bar");
        names.forEach(System.out::println);
    }
}
```

针对两个不同版本的 JVM，编译上面两段程序，结果如下所示。

	javac -source 1.6	javac -source 1.8
NamesOld.java	无错误	无错误
NamesNew.java	两个编译错误	无错误

Java 疣：向后兼容性

Java 维护者高瞻远瞩，让 Java 具备了良好的向后兼容性，这可能是促使 Java 今天无处不在的原因之一。然而，这样做也带来了许多"包袱"，如下所示。

- 自 1997 年以来，废弃了 java.util.Date 包中的一些方法。
- 在很大程度上，java.time.* 已经取代 java.util.Date 包。
- 泛型只用于编译时检查，运行时会被清除。
- const 和 goto 两个关键字被保留，但并未实现。

- 所有基本类型都有封装类，比如 int 和 java.lang.Integer，boolean 和 java.lang.Boolean，等等。
- 通常应该尽量避免使用 Hashtable 和 Vector 集合，而使用 HashMap 和 ArrayList。如果你需要的集合要用于并发编程，那么应该考虑使用 java.util.concurrent 包。

2.3 JVM 种类

其实 Oracle 推出了两款 JVM 产品，即 Oracle JVM 和 OpenJDK JVM。几乎在所有情况下，任选一个即可。建议选择在你的系统中最容易安装的那个。不过请注意，在 Oracle JVM 中存在一些许可限制，但 OpenJDK 没有。如果你在意这些许可条款，建议咨询公司的法务部门。

另外值得一提的是，由于 JVM 规范是公开的，所以任何人都可以打造自己的 JVM。事实上，有些人和有的公司也这样做了，比如 IBM 的 J9、Azul 的 Zing、Excelsior 的 JET 等。这些第三方 JVM 实现都有各自的宣传噱头，但通常可以归结为以下三个方面：针对不同的操作系统、性能提升或添加了新特性。

> **Oracle JVM 和 OpenJDK JVM 的区别**
>
> 两者区别不大。Oracle 官方博客中写道：
>
> ……Oracle JDK 是在 OpenJDK 7 基础上发布的，添加了更多功能，比如部署代码，包含了 Oracle 对 Java Plugin 和 Java WebStart 的实现，以及一些闭源第三方组件（比如 Graphics Rasterizer）和一些开源第三方组件（像 Rhino），还有其他一些零碎的东西，比如额外的文档或第三方字体等。
>
> Henrik Stahl，"Java 7 Questions & Answers"，2011 年 8 月 11 日

第 3 章 构建工具

除非你的 Java 程序很短小，不然使用命令行编译 Java 程序就是自找麻烦，下面举例说明。首先介绍一个冰激凌商店程序——IScream，它是本书大部分示例代码的背景。IScream 有如下两个类。

DailySpecialService.java

```
1  package com.letstalkdata.iscream.service;
2
3  import com.google.common.collect.Lists;
4  import java.util.List;
5
6  public class DailySpecialService {
7
8      public List<String> getSpecials() {
9          return Lists.newArrayList("Salty Caramel", "Coconut Chip", "Maui Mango");
10     }
11 }
```

Application.java

```
1  package com.letstalkdata.iscream;
2
3  import com.letstalkdata.iscream.service.DailySpecialService;
4  import java.util.List;
5
6  public class Application {
7      public static void main(String[] args) {
8          System.out.println("Starting store!\n\n=============\n");
9
10         DailySpecialService dailySpecialService = new DailySpecialService();
11         List<String> dailySpecials = dailySpecialService.getSpecials();
12
13         System.out.println("Today's specials are:");
```

```
14            dailySpecials.forEach(s -> System.out.println(" - " + s));
15        }
16  }
```

虽然这个例子有点刻意，但是它用到了 Google 的 Guava 代码库（guava-21.0.jar）。所以，在编译之前，我们必须下载 guava-21.0.jar，并将其添加到项目中。

> **更多内容：.jar 文件**
>
> .jar 文件其实就是 zip 文件。你可以使用 7-zip 或 unzip 工具查看其内容，就像查看其他 zip 文件一样。标准的 jar 文件包含相关 Java 类、资源，甚至还有其他便于分发的 .jar 文件。"瘦 jar" 文件只包含作者创建的类和资源，而 "胖 jar" 文件还包含所依赖的所有第三方文件。你所使用的代码库几乎都是 .jar 文件。

示例程序的目录结构如下，它遵循 Java 文件夹常用约定。

```
├── lib
│   └── guava-21.0.jar
└── src
    └── main
        └── java
            └── com
                └── letstalkdata
                    └── iscream
                        ├── Application.java
                        └── service
                            └── DailySpecialService.java
```

> **更多内容：Java 文件夹结构**
>
> Java 类是以包的形式组织的，定义包时要在文件顶部使用 package 关键字。依据约定，包名通常以域名（比如 com.google）开头，接着是部门名、代码用途等。这样会形成长长的包名。由于包和目录存在一一对应的关系，所以最终得到的目录结构也是层层嵌套的。
>
> 另一个约定是把程序或库代码的整个目录结构放入另外一组文件夹（src/main/java）中，而把测试代码放入 src/test/java 中。当我们学习构建工具的更多相关内容时，了解这一点尤为重要。

至此，代码已经组织好了，所需的第三方库也准备好了，接下来该进行编译了。你准备好了吗？

```
$ javac -cp ".:lib/*" src/main/java/com/letstalkdata/iscream/*.java\
> src/main/java/com/letstalkdata/iscream/service/*.java
```

首先，我们要告诉 Java 编译器依赖文件的位置。Java 会查找 classpath，这可以通过环境变量进行设置。更常见的做法是在编译时使用 –cp 参数（如果你用的是 Windows，请使用分号";"而非冒号":"把 classpath 分开）。接下来，我们要告诉编译器要编译哪些文件。使用 * 通配符能简化工作，但是我们仍然需要指定两个目录（而一个真实的应用程序往往有几十个目录）。

运行上面的命令后，Java 编译系统会在源代码所在的目录下生成杂乱的 .class 文件。为了避免出现这种情况，通常如下操作。

```
$ javac -cp ".:lib/*" src/main/java/com/letstalkdata/iscream/*.java\
> src/main/java/com/letstalkdata/iscream/service/*.java –d ./out
```

编译时，借助–d 选项，可以另外指定编译后保存代码的位置。上面的代码使用了–d 选项把编译得到的 class 文件保存到 out 文件夹中。out 文件夹最好已经存在，否则 javac 不会运行。

如果想让代码易于运行，可以创建一个"胖 jar"。此处不详述细节，大致的做法是：从 Guava 库中提取所需的类，然后创建一个 MANIFEST.MF 文件，用以指定程序运行时所需的所有代码，之后调用 jar 命令，把需要的所有 Guava 类和你的类包含在 out 目录中。

为了解决上面这些烦琐的问题，人们开发出了构建工具。

3.1 Ant

40 多年来，人们一直使用 make 程序把源代码转换成应用程序。因此，在早期的 Java 中，使用 make 就是顺理成章的事了。然而 C 程序的许多假设和约定并没有很好地转移到 Java 体系中。为了方便开发 Java Tomcat 应用程序，James Duncan Davidson 编写出了 Ant 工具。很快，其他开源项目也开始使用 Ant，从此 Ant 工具迅速普及开来。

这到底是什么？
Ant 是一个管理 Java 编译过程的工具。它的可扩展性很强，常用于编译代码、运行测试、创建构建工件、部署文件等。

落后警告：Ant
尽管早期 Ant 被广泛使用，但现在正逐渐被 Maven、Gradle 等新的构建工具淘汰。

3.1.1 构建文件

Ant 构建文件以 XML 格式编写，通常称作 build.xml。一说到 XML 文件，有些人就畏缩，但请放心，小的 XML 并不复杂。在 Ant 中，不同的编译阶段叫作"目标"（target）。在构建文件中定义好目标之后，就可以使用 ant TARGET 命令进行调用，其中 TARGET 指目标名称。

常见目标如下所示。

build.xml

```
7     <target name="clean">
8         <delete dir="build"/>
9     </target>
```

上面的 clean 目标用于"从头开始",并且删除所有已有构件。

build.xml

```
11    <target name="compile">
12        <mkdir dir="build/classes"/>
13        <javac srcdir="src/main/java"
14               destdir="build/classes"
15               classpathref="classpath"/>
16    </target>
```

显然,compile 目标把 Java 源代码编译成 class 文件。请注意,Java 源代码文件根目录设置为 src/main/java。

build.xml

```
18    <target name="jar">
19        <mkdir dir="build/jar"/>
20        <jar destfile="build/jar/IScream.jar" basedir="build/classes"/>
21    </target>
```

jar 目标把编译好的 class 文件打包成 .jar 文件,并将其放入指定目录中。

build.xml

```
23    <target name="run" depends="jar">
24        <java fork="true" classname="com.letstalkdata.iscream.Application">
25            <classpath>
26                <path refid="classpath"/>
27                <path location="build/jar/IScream.jar"/>
28            </classpath>
29        </java>
30    </target>
```

最后,run 目标将从指定的主类运行整个应用程序。

记得把 Google Guava 库放入 classpath 中,如下所示。

build.xml

```
3       <path id="classpath">
4           <fileset dir="lib" includes="**/*.jar"/>
5       </path>
```

细心的话,你会发现compile目标中已经引用了classpath(classpathref= "classpath")。上面的文件中还出现了**/*,这是一种Ant匹配模式,类似于超级通配符,用于递归包含所有匹配文件。

完整的构建文件如下。

build.xml

```
1   <project>
2
3       <path id="classpath">
4           <fileset dir="lib" includes="**/*.jar"/>
5       </path>
6
7       <target name="clean">
8           <delete dir="build"/>
9       </target>
10
11      <target name="compile">
12          <mkdir dir="build/classes"/>
13          <javac srcdir="src/main/java"
14                 destdir="build/classes"
15                 classpathref="classpath"/>
16      </target>
17
18      <target name="jar">
19          <mkdir dir="build/jar"/>
20          <jar destfile="build/jar/IScream.jar" basedir="build/classes"/>
21      </target>
22
23      <target name="run" depends="jar">
24          <java fork="true" classname="com.letstalkdata.iscream.Application">
25              <classpath>
26                  <path refid="classpath"/>
27                  <path location="build/jar/IScream.jar"/>
28              </classpath>
```

```
29        </java>
30      </target>
31
32    </project>
```

定义好这些目标之后，接下来就可以运行 ant clean、ant compile、ant jar、ant run 命令来编译、构建和运行写好的应用程序了。

当然，实际项目的构建文件可能比上面那个复杂得多。Ant 提供了大量内置任务，用户也可以自定义任务。一个标准的构建任务包括移动文件、汇集文档、运行测试、发布构件等。如果你很幸运，接手一个维护良好的项目，那么构建文件或许可以原封不动地正常工作。否则，你可能需要手动对特定的计算机调整构建文件。调整时，要留心构建文件所引用的 .properties 文件，里面可能包含配置文件路径、环境设置等。

3.1.2 使用 Ivy 管理依赖

Ant 有一个缺点——不支持依赖管理。构建程序时，我们仍需手动下载第三方 Guava 库，并在构建文件中指明其路径。Ivy 工具可以为 Ant 添加依赖管理功能。

如果项目使用了 Ivy，那么项目根目录下会存在一个 ivy.xml 文件，就在 Ant build.xml 文件旁。前面示例项目的 ivy.xml 文件如下所示。

ivy.xml

```
1   <ivy-module version="2.0">
2       <info organisation="com.letstalkdata" module="iscream"/>
3       <dependencies>
4           <dependency org="com.google.guava" name="guava" rev="21.0"/>
5       </dependencies>
6   </ivy-module>
```

当然，不能随意设置依赖属性。通常，查找依赖属性最简单的方法是去所用库的官网，或者访问 MVNRepository 网站。就 Guava 库来说，你可以访问 MVNRepository 网站，在搜索框中输入"guava"，点击所需版本，再点击"Ivy"选项卡，即可得到依赖属性。

图 3-1 MVNRepository 网站上的 Guava

接下来需要对 Ant 的构建文件做一些修改。

(1) 修改第一行，添加 Ivy 库。

```
<project xmlns:ivy="antlib:org.apache.ivy.ant">
```

(2) 添加一个目标，以解析依赖。

```
<target name="resolve">
    <ivy:retrieve />
</target>
```

至此，我们就可以运行 ant resolve 命令来获取依赖，并将其放入 lib 文件夹中了。这一切都是自动进行的，无须手动操作。

3.1.3 小结

虽然编写构建脚本要花些时间，但使用它的好处显而易见，借助它，你不必手动把命令传递给 Java。当然，Ant 自身也有一些问题。首先，Ant 脚本的强制标准不多。这提供了极大的灵活性，但代价是每个构建文件完全不同。就像你懂 Java 并不意味着能读懂所有代码库一样，了解

Ant 并不意味着你能读懂所有 Ant 文件，通常你要花些时间才能理解。其次，Ant 本身不限制构建文件的长度，这意味着它可以变得很长，有的 build.xml 文件行数甚至超过 2000。最后，Ant 不支持依赖管理功能，需要配合 Ivy 工具使用。除了上面这些缺点外，Ant 构建脚本还有其他一些不足，这最终促成了 2000 年初 Maven 的诞生。

3.2 Maven

Maven 其实是两个工具的集合：一个依赖管理器和一个构建工具。类似于 Ant，Maven 也是基于 XML 的，但与 Ant 不同的是，它的标准相当严格。而且，Maven 是声明式的，允许用户定义构建目标，而不是方法。这些优点使得 Maven 大受欢迎，构建文件在整个项目中更为标准化，开发者定制这些文件只需花很少的时间。因此，Maven 在某种程度上成了 Java 体系中事实上的标准。2016 年的一次调查显示，68%的开发者将 Maven 作为主要构建工具。

> 这到底是什么？
>
> Maven 工具用于管理 Java 代码库的整个构建周期：获取依赖、编译代码、运行测试、创建构建工件、部署文件等。此外，Maven 还支持扩展，用户可以使用插件运行自定义任务。

3.2.1 Maven 任务

Maven 包含可以利用构建脚本实现的最常规的任务。这些任务称作 phase，运行 mvn PHASE（其中 PHASE 指任务名称）命令即可执行它们。最常规的任务如下所示。

- 编译（compile）：编译源代码。
- 测试（test）：在项目中运行单元测试。
- 打包（package）：创建代码发布包，比如.jar 文件。
- 验证（verify）：在项目中运行集成测试。
- 安装（install）：创建**本地**可用的发布包，这些包可用于其他 Maven 项目。
- 部署（deploy）：创建供他人使用的发布包，这些包可用于其他 Maven 项目。（"他人"常指你所在团队或公司里的其他人，未必是全世界。）

这些任务是可累加的，比如执行"打包"任务会引发"编译"和"测试"任务的执行。关于完整的 Maven 任务列表，请参阅 "Lifecycle Reference"[①]。首次运行 Maven 构建项目时，应该执行"安装"（install）任务，这样会编译和测试整个项目，创建一个构建工件，并将其安装到本地 Maven 仓库中。

---

① https://maven.apache.org/guides/introduction/introduction-to-the-lifecycle.html#Lifecycle_Reference

虽然"清理"（clean）并非一个真正的任务，但 mvn clean 这个命令值得一提。执行此命令将清空你的本地构建目录（比如/target），删除编译好的类、资源、包等。理论上，只需运行 mvn install 命令，构建目录就会自动更新。不过很多开发者（包括我本人）发现有时它不起作用，因而习惯运行 mvn clean install 命令强制从头构建项目。

3.2.2 项目对象模型文件

我们将 Maven 构建文件称为"项目对象模型文件"（POM），它以 pom.xml 的形式存储在项目的根目录下。为了让 Maven 能够正常工作，项目需要采用如下目录结构。

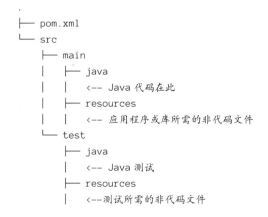

POM 文件顶部的标签通常如下所示。

pom.xml

```
4    <groupId>com.letstalkdata</groupId>
5    <artifactId>iscream</artifactId>
6    <version>0.0.1-SNAPSHOT</version>
7    <packaging>jar</packaging>
```

- groupId：指明你的公司、团队或组织单位。
- artifactId：POM 构建的构件名。
- version：构件版本号。构建成功后，后缀-SNAPSHOT 表示 mvninstall 和 mvndeploy 会自动替换构件。对于发布版本，你应该删除此后缀。
- packaging：待构建的构件类型。

下面介绍依赖。前面提过，Maven 内置了依赖管理功能。示例项目的依赖如下所示。

pom.xml

```
13    <dependencies>
14        <dependency>
15            <groupId>com.google.guava</groupId>
16            <artifactId>guava</artifactId>
17            <version>21.0</version>
18        </dependency>
19    </dependencies>
```

和 Ivy 一样，查找正确值的最简单方法是访问项目官网或者 MVNRepository 网站。

POM 的最后一部分是 build 部分，包含构建可执行文件（.jar 文件）所需的配置。

3.2.3 插件

Maven 长盛不衰的关键是其借由插件带来的强大扩展性。技术在不断变化，而 Maven 依然可以存活下来是因为它可以扩展丰富的第三方插件。比如，现在你可以找到各种各样的 Maven 插件，包括 Web 框架、文档生成器、Android、Docker 等。

对于示例项目，我们只需用到 Apache 的一个官方插件——Shade，该插件可以构建"胖" jar 文件。

pom.xml

```
20    <build>
21        <plugins>
22            <plugin>
23                <groupId>org.apache.maven.plugins</groupId>
24                <artifactId>maven-shade-plugin</artifactId>
25                <version>2.3</version>
26                <executions>
27                    <execution>
28                        <phase>package</phase>
29                        <goals>
30                            <goal>shade</goal>
31                        </goals>
32                        <configuration>
33                            <transformers>
34                                <transformer implementation=
35    "org.apache.maven.plugins.shade.resource.ManifestResourceTransformer">
36                                    <mainClass>
37                                        com.letstalkdata.iscream.Application
38                                    </mainClass>
39                                </transformer>
```

```
40                </transformers>
41            </configuration>
42         </execution>
43      </executions>
```

上面的代码涉及很多属性，但这里重点关注 phase（package）和 goal（shade）。这意味着当你运行 mvnpackage（或者任何更高层次的任务）时，相关插件的 shade 目标就会执行，这里用于构建"胖"jar 文件。

使用插件的不便之处是，必须把它们挂接到 Maven 的生命周期中。在上面的示例中，Shade 插件已经挂接到了 package。目标是不能独立存在的，创建自己的任务（phases）需要更多 XML 模板。

使用插件的另一个难题是其作用并不直观，而且如果缺少好的文档，也很难配置正确。比如，为了告诉插件主类是哪一个，我们必须在 POM 中向下深入六层。由于配置是通过 XML 进行的，所以可能对某个合法 XML 文件，插件能够读取它，但是不知道如何解释它，这常常会引起一些费解的错误信息。建议查找相关文档，从你参与的项目中找一个能够正常运作的例子，或者去 Stack Overflow 寻求帮助。从零开始配置插件往往是徒劳的。

至此，你就可以运行 mvn package 命令了，然后 target 文件夹中会生成 iscream-0.0.1-SNAPSHOT.jar 文件。接着，运行 java -jar iscream-0.0.1-SNAPSHOT.jar，你会看到熟悉的程序输出。

3.2.4 仓库和发布

尽管上面的构建并不需要仓库（repositories）和发布管理（distributionManagement），但是在公司内部项目中它们相当常见，值得一提。

在 Maven 中，仓库用于存储构件，并且 Maven 可以访问它。默认情况下，Maven 认识 Maven Central 仓库并会使用它。首次构建应用程序时，构件会下载到本地仓库中。有人打趣说：这是在下载整个互联网，因为 Maven 遍历的依赖树好像无穷无尽。不过，一旦这些构件下载下来并且保存到你的本地计算机中，以后复用的时候就会非常快了。如果项目需要使用的构件存储在一个内部仓库中，或者使用的构件不在 Maven Central 中，那么你应该添加额外的仓库，代码如下所示。

```
<repositories>
  <repository>
    <id>xyzRepo</id>
    <name>Company XYZ Repo</name>
    <url>http://some-server/repo</url>
  </repository>
</repositories>
```

如果你指定了多个仓库，Maven 会按照指定顺序检查这些仓库。

当你需要部署构件时，就要用到 distributionManagement 部分了。如果你正在开发一个内部库，并且其他开发者会使用它，那么就要用到 distributionManagement 了。示例如下。

```
<distributionManagement>
  <repository>
    <uniqueVersion>false</uniqueVersion>
    <id>xyzRepo</id>
    <name>Company XYZ Repo</name>
    <url>http://some-server/repo</url>
  </repository>
  <snapshotRepository>
    <uniqueVersion>true</uniqueVersion>
    <id>xyzSnapRepo</id>
    <name>Company XYZ Snapshot Repo</name>
    <url>http://some-server/repo-snapshots</url>
    <layout>legacy</layout>
  </snapshotRepository>
</distributionManagement>
```

> **更多内容：仓库**
>
> 不管你所在团队的规模如何，如果要在项目中使用内部开发的库，最好创建一个内部仓库。否则，你必须把库保存到源代码控制中。目前最流行的仓库管理器是 Sonatype Nexus，Artifactory 也在日趋走红。
>
> 当然，借助自己的 Maven 仓库，你可以保存任何构件，不仅仅局限于内部库。建议保存 Maven Central 中没有的第三方构件，比如微软的 SQL Server 数据库驱动程序。你还可以存储 Maven Central 中存在的构件，以加快下载速度或者减少项目的版本碎片。事实上，有些公司只允许开发者使用企业存储库中的构件。

3.2.5 小结

尽管 Maven 在简化项目构建方面已经取得了很大进步，但在使用 Maven 的过程中我们还是会碰到一些棘手的问题。前面提到了使用插件时的一些问题，此外还存在一个所谓的"Maven 方式"问题。当某个构建不符合 Maven 的要求时，就会很难进行下去。许多项目都是"正常的……除了我们不得不做一些奇怪的事"。而且，构建过程中"怪事"越多，Maven 就越不如意。虽然我不太同意一位博客作者的观点，他说"Maven 构建是一个无尽而绝望的循环，它将你慢慢拖入地狱最深处、最黑暗的深渊……"，但我能够理解！

如果把 Ant 的灵活性和 Maven 的众多优点结合起来，那岂不是更好？！这正是 Gradle 试图实现的目标。

3.3 Gradle

第一眼看到 Gradle 构建脚本时，也许你会惊讶于它并未采用 XML 格式。事实上，Gradle 使用了一种基于 Groovy（一种基于 JVM 的敏捷开发语言）的领域特定语言（DSL）。

更多内容：Groovy

JVM 规范是免费且公开的，人们可以创造出新的编程语言，并且使用这些编程语言编写的源代码能够编译成 Java 字节码。Groovy 就是这样一种语言。虽然有时人们视其为脚本语言（主要因为不需要定义任何类就能运行代码），但是你完全可以用它编写整个应用程序。试试吧！

```
def name = 'World'
println("Hello, $name!")
```

DSL 定义了构建文件的核心部分和具体的构建步骤（也称"任务"）。其可扩展性使得定义任务很容易。当然，Gradle 也拥有丰富的第三方插件库。下面详细介绍。

超前警告：Gradle

尽管 Gradle 越来越流行，但它还是个新事物。由于整个 Java 体系进展缓慢，所以只在开源项目中见到它就不足为奇了。

3.3.1 构建文件

Gradle 构建文件名是 build.gradle，并且从配置构建环境开始。因为示例项目需要用到一个"胖" jar 插件，所以要把 Shadow 插件添加到构建脚本配置中。

build.gradle

```
1  buildscript {
2      repositories {
3          jcenter()
4      }
5      dependencies {
6          classpath 'com.github.jengelman.gradle.plugins:shadow:1.2.4'
7      }
8  }
```

为了下载插件，Gradle 必须在包含各种构建索引的仓库中查找。有几个 Gradle 库很出名，常简称为 mavenCentral() 或 jcenter()。说到仓库，Gradle 团队决定不重新发明轮子，转而依靠现有的 Maven 和 Ivy 依赖体系。

3.3.2 任务

Ant 中"目标"(target)和 Maven 中"任务"(phase)的含义都比较模糊,Gradle 为构建步骤起了一个清晰合理的名字:任务(task)。我们可以通过 Gradle 的 apply 命令访问指定任务。(Gradle 内置了 java 插件,所以我们不必在构建依赖中声明它。)

build.gradle

```
10  apply plugin: 'java'
11  apply plugin: 'com.github.johnrengelman.shadow'
```

java 插件用于执行 clean、compileJava、test 等常规任务。shadow 插件用于执行 shadowJar 任务,创建一个"胖"jar。运行 gradle -q tasks 命令,可以查看完整的任务列表。下面列出了一些最常规的任务。

- assemble:组装项目输出。
- build:组装和测试项目。
- clean:删除构建目录。
- jar:打包主要类。
- javadoc:为主要源代码生成 Javadoc API 文档。
- test:运行单元测试。

任务配置在构建脚本中进行,先是任务名称,接着是一个花括号。配置 shadowJar 任务的示例如下。

build.gradle

```
26  shadowJar {
27      baseName ='iscream'
28      manifest {
29          attributes 'Main-Class': 'com.letstalkdata.iscream.Application'
30      }
31  }
```

你也可以在构建文件中自定义任务。由于 Gradle DSL 基于 Groovy 编程语言,所以几乎有无限可能。例如,下面这个任务负责打印要编译的文件,可以通过 gradle printClasspath 命令调用它。

```
task printClasspath {
    sourceSets.each { source ->
        println(source)
        def tree = source.compileClasspath.getAsFileTree()
        tree.files.each { f -> println(f.name) }
    }
}
```

3.3.3 依赖管理

前面介绍脚本构建时，讲过了管理插件依赖的方法，同样的方法也适用于管理代码依赖。我们再次创建一个 `repositories` 和一个 `dependencies`。乍看上去，它们与前面 buildscript 中的好像一样，但实际上有很大不同。buildscript 内部的 `repositories` 和 `dependencies` 用于运行构建本身，而 buildscript 外部的 `repositories` 和 `dependencies` 用于编译程序代码。

build.gradle

```
18  repositories {
19      mavenCentral()
20  }
21
22  dependencies {
23      compile group: 'com.google.guava', name: 'guava', version: '21.0'
24  }
```

完整的构建脚本如下。

build.gradle

```
1   buildscript {
2       repositories {
3           jcenter()
4       }
5       dependencies {
6           classpath 'com.github.jengelman.gradle.plugins:shadow:1.2.4'
7       }
8   }
9
10  apply plugin: 'java'
11  apply plugin: 'com.github.johnrengelman.shadow'
12
13  group = 'com.example'
14  version ='0.0.1-SNAPSHOT'
15  sourceCompatibility = 1.8
16  targetCompatibility = 1.8
17
18  repositories {
19      mavenCentral()
20  }
21
22  dependencies {
23      compile group: 'com.google.guava', name: 'guava', version: '21.0'
24  }
```

```
25
26  shadowJar {
27      baseName = 'iscream'
28      manifest {
29          attributes 'Main-Class': 'com.letstalkdata.iscream.Application'
30      }
31  }
```

这样 Gradle 就知道如何找到项目依赖了。接着运行 gradle shadowJar，创建一个包含 Guava 依赖项的胖 jar。命令执行完毕后，会生成一个/build/lib/iscream-0.0.1-SNAPSHOT-all.jar，然后你可以以常规方式（java -jar ...）运行它了。

如果项目需要用到存储在内部仓库中的构件，则用以下两种方式可以把其他仓库添加进去，具体取决于仓库的类型。

1. Maven

```
repositories {
    maven {
        url "http://repo.mycompany.com/maven2"
    }
}
```

2. Ivy

```
repositories {
    ivy {
        url "http://repo.mycompany.com/repo"
    }
}
```

3.3.4　Gradle 守护进程

也许你已经注意到了，每次运行 Gradle 都会出现如下信息。

```
Starting a Gradle Daemon (subsequent builds will be faster)
```

Grade Daemon 是 Gradle 的一个特性，旨在加速项目构建。JVM 启动慢是出了名的（每个新版本在这方面都有所改进）。Gradle 需要在 JVM 中运行，所以 JVM 启动慢会拖慢项目构建速度。为了缓解这个问题，Gradle 创建了一个长时间运行的后台进程。通过这个 Gradle 守护进程，只需启动一次 JVM，之后就可以重复使用，无须再次启动，这大大缩短了项目的构建时间。

在我的机器上，第一次运行 gradle clean build 命令清理 IScream 应用程序耗时 5.35 秒，第二次只花了 1.898 秒。

如果你曾遇到项目构建速度慢的情况，可以使用--profile 来弄清楚时间的使用情况。它会产生一个 HTML 报告，列出每个任务的耗时情况。

3.3.5 小结

对 Java 构建体系而言，Gradle 功能强大且灵活。当然，高度可定制的工具总会伴随一些风险，你必须留意构建文件的代码质量。这不一定是坏事，但是团队在使用这个工具时应该考虑到这一点。而且，Gradle 的强大之处多来自第三方插件。由于 Gradle 相对较新，你可能觉得自己在使用由不同人开发的一堆插件。有时你会发现多款插件有同样的功能，每款插件在 GitHub 上都有几十颗星但没有多少文档，你不得不从中选择一个。尽管如此，Gradle 还是越来越受欢迎，那些希望对构建过程有更多控制权的开发者尤其青睐它。

3.4 参考资源

3.4.1 Ant

Steve Loughran, Erik Hatcher. Ant in Action: Manning, 2007.
https://www.manning.com/books/ant-in-action.

3.4.2 Maven

Raghuram Bharathan. Apache Maven Cookbook: Packt, 2015.
https://www.packtpub.com/application-development/apache-maven-cookbook.

Tim O'Brien, John Casey, et al. Maven by Example Sonatype, 2011.
http://books.sonatype.com/mvnex-book/reference/index.html.

3.4.3 Gradle

Mainak Mitra. Mastering Gradle: Packt, 2015.
https://www.packtpub.com/web-development/mastering-gradle.

Benjamin Muschko. Gradle in Action, 2014.
https://www.manning.com/books/gradle-in-action.

第 4 章 测 试

评估产品代码质量的最佳方式是测试。Java 提供了丰富的测试工具和库。目前最常用的测试库是 JUnit。JUnit 既可以当单独的库使用，也可以和其他库结合来提供额外功能。所有现代 IDE 都支持 JUnit 测试，而且 Maven 和 Gradle 都支持 test 命令，用以运行检测到的所有 JUnit 测试（在 Ant 中有一个 junit 目标）。另一个选择是 TestNG，它提供了 JUnit 所没有的许多功能。TestNG 也受到广泛支持，不过在某些情况下你需要安装其他插件才能使用它。

落后警告：不经测试

不论是出于无知、管理不善，还是开发者的狂妄自大，缺少自动化测试的代码屡见不鲜。尤其是当你接手一个老旧的 Java 应用程序时，很可能在未经测试的代码中迷失。而隔离代码的一部分并创建一些广泛的测试，至少可以帮助你找到方向。更多细节，可阅读 *Working Effectively with Legacy Code* 一书中 Michael Feather 对测试框架的讨论。

4.1 向 IScream 应用程序添加服务

回到 IScream 商店应用程序的例子，修改一下 DailySpecialService 类，它会查询一个 Web API 端点，而非返回一个静态列表。假定该服务返回一个 JSON 响应，并且我们不知道 JSON 解析库存在。

DailySpecialService.java

```
1  package com.letstalkdata.iscream.service;
2
3  import java.io.BufferedReader;
4  import java.io.IOException;
5  import java.io.InputStreamReader;
6  import java.net.HttpURLConnection;
7  import java.net.URL;
8  import java.util.ArrayList;
9  import java.util.List;
```

```java
10  import java.util.regex.Matcher;
11  import java.util.regex.Pattern;
12
13  public class DailySpecialService {
14
15      private final String SPECIALS_URL =
16              "http://www.mocky.io/v2/590401621000003d034f66dc";
17
18      public List<String> getSpecials() {
19          try {
20              String json = getJsonFromUrl();
21              return parseFlavorsFromJson(json);
22          } catch (IOException e) {
23              System.out.println("Error retrieving daily specials!");
24              e.printStackTrace();
25              return new ArrayList<>();
26          }
27      }
28
29      private String getJsonFromUrl() throws IOException {
30          URL url = new URL(SPECIALS_URL);
31          HttpURLConnection con = (HttpURLConnection) url.openConnection();
32
33          try(BufferedReader in = new BufferedReader(
34                  new InputStreamReader(con.getInputStream()))) {
35              String inputLine;
36              StringBuilder response = new StringBuilder();
37
38              while ((inputLine = in.readLine()) != null) {
39                  response.append(inputLine);
40              }
41              return response.toString();
42          }
43      }
44
45      List<String> parseFlavorsFromJson(String json) {
46          //这部分代码只为说明问题
47          //实际代码会使用JSON解析库
48          final String REGEX_PATTERN = "\"flavor\":\"(?<theFlavor>[\\w ]+)\"";
49          Pattern flavorRegex = Pattern.compile(REGEX_PATTERN);
50          Matcher matcher = flavorRegex.matcher(json);
51          List<String> flavors = new ArrayList<>();
52          while(matcher.find()) {
53              flavors.add(matcher.group("theFlavor"));
54          }
```

```
55          return flavors;
56      }
57  }
```

> **更多内容：Mocky**
> 如果想快速生成一个基于 HTTP 的 Web 服务，推荐使用 Mocky。只要提供响应代码、内容类型、响应头和响应体，就能立即生成一个永久 URL，它能返回你的输入。但要注意，Mocky 并不支持 HTTPS，所以不要发送任何敏感信息。

上面的代码中，我们对 parseFlavorsFromJson() 方法最感兴趣，它正是我们要测试的目标。当然，在真实的应用程序中，我们不会手动编写解析 JSON 的方法（第 10 章将介绍 JSON 库）。首先在 src/test/-java/com/letstalkdata/iscream/service/ 文件夹中创建 DailySpecialServiceTest.java 文件。请注意，该目录和实际类的目录结构一样。这样做有如下三个好处。

- 测试代码组织合理。
- 使用构建工具时，你可以把 test 文件夹中的内容排除在构件外。
- 使用构建工具时，test 文件夹中的文件会覆盖 main 文件夹中的同名文件。这有助于进行即时测试，稍后举例说明。

使用 JSON 时，我常把测试数据存储为静态文件，并且保存在代码之外，以保持代码整洁。你可以在 src/test/resources/json-samples 文件夹中找到这三个例子[①]。

no-specials.json

```
{
  "specials":[ ]
}
```

one-special.json

```
{
  "specials":[
    {
      "flavor":"Salty Caramel",
      "price":3.25
    }
  ]
}
```

---

① 注意，在使用 Maven 或 Gradle 时，src/main/resources 和 src/test/resources 会自动包含在 classpath 中，所以我们可以直接使用这些文件夹中的文件。

three-specials.json

```json
{
  "specials":[
    {
      "flavor":"Salty Caramel",
      "price":3.25
    },
    {
      "flavor":"Coconut Chip",
      "price":3.25
    },
    {
      "flavor":"Maui Mango",
      "price":3.75
    }
  ]
}
```

在 Java 测试中，我创建了下面这个辅助类来读取 JSON。

DailySpecialServiceTest.java

```
19      private static final String TEST_JSON_ROOT =
20              "src/test/resources/json-samples";
21
22      private String readJsonFromFile(String fileName) throws Exception {
23          Path jsonPath = Paths.get(TEST_JSON_ROOT, fileName);
24          return new String(Files.readAllBytes(jsonPath));
25      }
```

至此，骨架就搭建好了，下面添加一些实际测试。

4.2 编写测试

4.2.1 JUnit

JUnit 是 Java 体系中最常用的测试框架，并且遵循 xUnit 系列测试框架的标准。如果你用过 NUnit、PHPUnit、CppUnit 等测试框架，会觉得 JUnit 很熟悉。即使你没有用过这些测试框架，也没有关系，JUnit 语法很容易学。

所有 JUnit 测试方法都是 public void 的，并且带有@Test 注解标签。当然，为了让测试有意义，你需要添加一条断言。通常在测试类中静态导入 org.junit.Assert.*，使测试变得更简洁。我经常使用 assertEquals、assertTrue 和 assertFalse，当然也可以用其他方法。下面的测试用于验证解析方法，用到了三个模拟的 JSON 文件。

DailySpecialServiceTest.java

```
27      @Test
28      public void GivenZeroSpecials_EmptyListIsReturned() throws Exception {
29          String json = readJsonFromFile("no_specials.json");
30          DailySpecialService service = new DailySpecialService();
31          List<String> parsedFlavors = service.parseFlavorsFromJson(json);
32          assertTrue(parsedFlavors.isEmpty());
33      }
34
35      @Test
36      public void GivenThreeSpecials_ThenThreeFlavorsReturned() throws Exception {
37          String json = readJsonFromFile("three_specials.json");
38          DailySpecialService service = new DailySpecialService();
39          List<String> parsedFlavors = service.parseFlavorsFromJson(json);
40          assertEquals(3, parsedFlavors.size());
41      }
```

JUnit 的一些匹配器来自 Hamcrest 测试框架，添加 import static org.hamcrest.CoreMatchers.* 语句后就可以使用了。使用 Hamcrest 编写断言如下所示。

DailySpecialServiceTest.java

```
43      @Test
44      public void GivenOneSpecial_FlavorNameIsExtracted() throws Exception {
45          String json = readJsonFromFile("one_special.json");
46          DailySpecialService service = new DailySpecialService();
47          List<String> parsedFlavors = service.parseFlavorsFromJson(json);
48          assertThat(parsedFlavors.get(0), is(equalTo("Salty Caramel")));
49      }
```

有些人偏爱这种"流畅"风格编写的测试，但在 Java 里我觉得这样有点别扭。如果你感兴趣，可以通过添加 hamcrest-library.jar 库把所有 Hamcrest 匹配器添加到应用程序中。

4.2.2 TestNG

其实，JUnit 的许多特征来自 TestNG，比如注解、分组测试、参数化测试等，也就是说，TestNG 和 JUnit 有很多相似之处。TestNG 也属于 xUnit 框架，其测试方法也是 public void 方法，并且带有 @Test 注解。TestNG 使用的许多断言和 JUnit 一样，要使用断言，需要在相应类中加上 import static org.testng.Assert.* 语句。

由于 TestNG 和 JUnit 类似，所以测试代码几乎完全一样。

DailySpecialServiceTest.java

```
44      @Test
45      public void GivenOneSpecial_FlavorNameIsExtracted() throws Exception {
46          String json = readJsonFromFile("one_special.json");
47          DailySpecialService service = new DailySpecialService();
48          List<String> parsedFlavors = service.parseFlavorsFromJson(json);
49          assertEquals(parsedFlavors.get(0), "Salty Caramel");
50      }
```

（这里用了"几乎"这个词，因为在 TestNG 和 JUnit 中，assertEquals()参数的顺序是颠倒的。）

直到最近，JUnit 才开始支持分组测试。分组测试使得在不同时间可以执行不同测试。比如，也许有少量"慢速测试"并不需要频繁运行，你可以把它们从"快速单元测试"中分离出来，单独形成一组。下面是两个测试例子，其中一个位于一组中。

```
@Test(groups = "db-integration")
public void employeeCanBeSaved() {
  EmployeeService service = new EmployeeService();
  Employee employee = new Employee("Allie");
  service.save(employee);

  assertEquals(service.getById(1).getName(), "Allie");
}

@Test
public void employeeFullNameIsGenerated() {
  Employee employee = new Employee();
  employee.setFirstName("Allie");
  employee.setLastName("Park")

  assertEquals(employee.getFullName(), "Allie Park")
}
```

上面的代码中，employeeCanBeSaved 被放入一组中，我们可以根据需要运行那个分组。比如，在 Gradle 中，我们可以创建一个任务来运行慢速数据库集成测试。

```
task dbTest(type: Test, dependsOn: 'test') {
  useTestNG() {
     includeGroups 'db-integration'
  }
}
```

4.3 运行测试

前面提到过，许多 Java 开发工具都支持 JUnit 和 TestNG 测试框架。在项目开发过程中，通过 IDE 运行测试是很容易的。使用 IntelliJ 运行 JUnit 测试的示例如下。

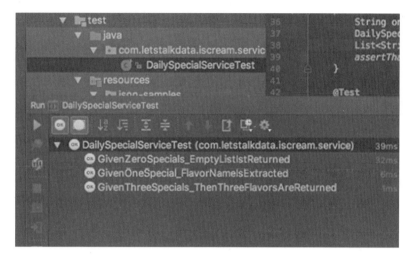

图 4-1　在 IntelliJ IDE 中运行测试

构建工具也支持测试。Gradle 中测试失败的示例如下。

```
$ gradle test
:compileJava UP-TO-DATE
:processResources NO-SOURCE
:classes UP-TO-DATE
:compileTestJava
:processTestResources UP-TO-DATE
:testClasses
:test

com.letstalkdata.iscream.service.DailySpecialServiceTest >
GivenZeroSpecials_EmptyListIstReturned FAILED
    java.lang.AssertionError at DailySpecialServiceTest.java:31

3 tests completed, 1 failed
:test FAILED

FAILURE: Build failed with an exception.
```

Maven 和 Gradle 还会生成 HTML 格式的测试报告（两个报告稍有不同），这对于包含几十个测试的大型应用程序特别有用。测试结果可在 build（Gradle）或 target（Maven）文件夹中找到。

下面是 Gradle 为前面的构建生成的测试报告。

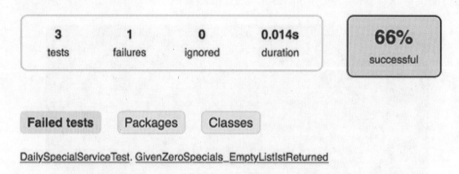

图 4-2　Gradle 测试报告

4.4　使用测试替身

有时编写测试时，某些对象难以处理。通常这些对象会与外部世界有交互，比如数据库连接器、文件系统读取器、Web 上下文对象等。测试替身用于代替这些复杂的对象，以便于编写测试。如果你之前从未接触过这个概念，强烈建议你阅读 Martin Fowler 撰写的"Mocks Aren't Stubs"一文。当然，许多 Java 框架可以使用测试替身 EasyMock、Mockito、JMockit、jMock、PowerMock 等，下面介绍其中三个。

- EasyMock 是最早出现的框架之一，在老项目中更常见。
- 现在 Mockito 是最常用的模拟测试框架。
- PowerMock 建立在 EasyMock 和 Mockito 基础之上，并添加了更多功能。

4.4.1　为可模拟服务修改 IScream

现在，我们的应用程序可以产生一个 Web 服务，访问互联网以确定每日特色菜。在单元测试背景下，这样做慢且不可靠。HTTP 调用可能会耗时几秒，并且服务可能不可用。除非我们想专门测试 Web 服务集成效果（比如在**集成测试中**），不然我们并不想直接与互联网打交道。在这种情形下，Mock 有助于实现这个目标。

我向代码中添加了一个新类，以便于测试编写。

MenuCreator.java

```java
package com.letstalkdata.iscream;

import com.letstalkdata.iscream.service.DailySpecialService;

import java.util.List;

public class MenuCreator {

    private DailySpecialService dailySpecialService;

    public MenuCreator(DailySpecialService dailySpecialService) {
        this.dailySpecialService = dailySpecialService;
    }

    public String getTodaysMenu() {
        List<String> dailySpecials = dailySpecialService.getSpecials();

        StringBuilder menuBuilder = new StringBuilder("Today's specials are:\n");
        dailySpecials.forEach(s ->
                menuBuilder.append(" - ").append(s).append("\n"));

        return menuBuilder.toString();
    }

}
```

MenuCreator 构造函数包含了一个 DailySpecialService 实例，这是因为 MenuCreator 依赖它。并且，当那个实例传入时，它就被注入了。（"依赖注入"这个术语在第 5 章中特别重要！）至此，我们已经创建好了 MenuCreator，接下来就可以在测试中注入一个模拟的 DailySpecialService 了。

4.4.2 使用 Mocks 创建测试

使用 Mock 的基本步骤如下。

(1) 创建 Mock 对象。
(2) 为 Mock 对象设置预期行为。
(3) 把 Mock 对象注入到测试对象。
(4) 调用测试对象。
(5) 验证 Mock 对象行为是否符合预期。

其中，步骤(1)、步骤(2)和步骤(5)要用到测试模拟框架。所以理论上，如果你想改用其他测试模拟框架，只需要部分修改测试即可。

4.4.3 EasyMock

在 EasyMock 中，"录制、播放、验证"（record、replay、verify）这三个术语不太好理解，你可以把它们理解成"设置、启动、验证"。下面这个测试就使用了 EasyMock。

MenuCreatorTestEasyMock.java

```
16      @Test
17      public void WhenAMenuIsCreated_ThenDailySpecialServiceIsCalled() {
18          //步骤1：创建 Mock 对象
19          DailySpecialService mockService =
20              EasyMock.createMock(DailySpecialService.class);
21
22          //步骤2：设置预期行为
23          List<String> specials = new ArrayList<>();
24          EasyMock.expect(mockService.getSpecials()).andReturn(specials).once();
25          EasyMock.replay(mockService);
26
27          //步骤3：注入 Mock 对象
28          MenuCreator menuCreator = new MenuCreator(mockService);
29
30          //步骤4：调用测试对象
31          menuCreator.getTodaysMenu();
32
33          //步骤5：验证
34          EasyMock.verify(mockService);
35      }
```

参考前面讲的 5 个步骤，以上代码中，EasyMock.createMock()方法对应步骤(1)，EasyMock.expect()对应步骤(2)。我们希望只调用一次服务，并且服务被调用时会返回菜单（这里只是一个空列表）。紧接着执行 EasyMock.replay()方法，启用 Mock 对象。步骤(3)、步骤(4)和 EasyMock 无关，不论使用什么框架，它们都是不变的。最后，使用 EasyMock.verify()验证 Mock 对象的行为是否符合预期。当你运行测试时，测试会顺利通过，但其实它并没有连接到互联网。

EasyMock 有 3 种不同的 Mock 对象，分别是 Default Mock 对象、Nice Mock 对象和 Strict Mock 对象。上面使用的是默认的 Mock 对象，但有时你可能需要使用其他类型的 Mock 对象。下表是对 3 种 Mock 对象的比较。

Mock 对象类型	非预期方法调用	方法调用顺序	API 方法
Default	不允许	不强制	mock
Nice	允许	不强制	niceMock
Strict	不允许	强制	strictMock

Nice Mock 对象也会为所有非 mock 方法返回默认值,比如 0、null、false 等。

4.4.4 Mockito

Mockito 最早是 EasyMock 的一个分支,它们的概念和术语类似。不过,与 EasyMock 相比,Mockito 的语法更简单,且扩展功能丰富,其受欢迎程度已经超越了 EasyMock。

MenuCreatorTestMockito.java

```
23    @Test
24    public void WhenAMenuIsCreated_ThenDailySpecialServiceIsCalled() {
25        //步骤1:创建 Mock 对象
26        DailySpecialService mockService =
27                Mockito.mock(DailySpecialService.class);
28
29        //步骤2:设置预期行为
30        List<String> specials = new ArrayList<>();
31        Mockito.when(mockService.getSpecials()).thenReturn(specials);
32
33        //步骤3:注入 Mock 对象
34        MenuCreator menuCreator = new MenuCreator(mockService);
35
36        //步骤4:调用测试对象
37        menuCreator.getTodaysMenu();
38
39        //步骤5:验证
40        Mockito.verify(mockService, Mockito.times(1));
41    }
```

如果你认真读过 EasyMock 部分的代码,应该对上面这段代码很熟悉。参考前面讲的 5 个步骤,以上代码中,Mocktio.mock()方法对应步骤(1),Mocktio.when()方法对应步骤(2)。我们希望 Mock 对象在被调用时返回菜单(这里是一个空列表)。就像前面所讲的,步骤(3)、步骤(4)和使用何种测试模拟框架无关,当改用 Mockito 时,它们保持不变。最后,Moc 使用 ktio.verify()方法判断 Mock 对象的行为是否符合预期,Mockito.times(1)方法指明 Mock 方法只调用一次[1]。再次重申,进行这次测试时,我们其实并未真正查询 Web 服务。

---

[1] 实际上,默认情况下,Mock 方法也只调用一次,所以我们可以将其省略。

通过向 Mock（Class、Answer）方法传入以下常量，你可以控制 Mock 的行为。

行　为	描　述
CALLS_REAL_METHODS	不进行任何隐式模拟
RETURNS_DEEP_STUBS	允许连续 mock 调用，比如 mockEmployee.getManager().getName()
RETURNS_DEFAULTS	默认行为。Mock 会返回 null、空、0 等
RETURNS_MOCKS	类似于 RETURNS_DEFAULTS，但也会委托返回另一个 Mock
RETURNS_SELF	返回 Mock 自身。对使用建造者模式创建的对象有用
RETURNS_SMART_NULLS	返回一个"增强型" null，并且不会抛出 NullPointerException

Mockito 还有一些注解，用于简化桩件（stub）的创建工作。桩件和拟件（mock）不同，它不需要行为验证。代码如下所示。

MenuCreatorTestMockito.java

```
43    @Mock
44    private DailySpecialService mockDailySpecialService;
45
46    @Test
47    public void menuCreatorCanBeReused() {
48        MockitoAnnotations.initMocks(this);
49        MenuCreator menuCreator = new MenuCreator(mockDailySpecialService);
50
51        try {
52            menuCreator.getTodaysMenu();
53            menuCreator.getTodaysMenu();
54        } catch (Exception e) {
55            e.printStackTrace();
56            Assert.fail("Menu creators should be reusable!");
57        }
58    }
```

这里，我们不关注 DailySpecialService 的行为，而只需创建一个桩件，这样在单元测试期间，MenuCreator 就不会发起 HTTP 调用了。@Mock 注解创建了一个好的桩件（比如 RETURNS_DEFAULTS），可以返回合适的默认值。

极少数情况下，你可能需要用一个测试替身来调用一些真实方法和桩方法。为此，你可以使用 @Spy 注解。请注意，官方文档提醒我们要尽量避免过度使用该注解："谨慎使用侦件（spy），例如在处理遗留代码时，不应将部分模拟应用于全新的、测试驱动及设计良好的代码。"

4.4.5 PowerMock

测试期间,如果你陷入困境,需要模拟静态方法的行为,可以考虑使用 PowerMock 工具。它建立在 EasyMock 和 Mockito 的基础之上,并添加了其他一些功能。

使用 EasyMock 为方法建桩如下所示。

DailySpecialServiceTestPowerMock.java

```
23      @Test
24      public void mockStaticWithEasyMock() throws Exception {
25          PowerMock.mockStatic(DailySpecialService.class);
26          EasyMock.expect(DailySpecialService.isServiceAvailable())
27                  .andReturn(true);
28          PowerMock.replay(DailySpecialService.class);
29
30          boolean available = DailySpecialService.isServiceAvailable();
31          assertTrue(available);
32      }
```

同样的测试使用 Mockito 实现,代码如下。

DailySpecialServiceTestPowerMock.java

```
34      @Test
35      public void mockStaticWithMockito() throws Exception {
36          PowerMockito.mockStatic(DailySpecialService.class);
37          Mockito.when(DailySpecialService.isServiceAvailable()).thenReturn(true);
38
39          boolean available = DailySpecialService.isServiceAvailable();
40          assertTrue(available);
41      }
```

不错,这两个测试不是太新颖。通常,只有当你用到第三方代码或遗留代码,并且无法通过重构避免调用静态方法时,才会使用 PowerMock。比如,设想这样一种情况(伪代码):一个 Web 控制器要和第三方会话上下文(session context)打交道。

```
public class MyWebController {
  public void getHomePage() {
    WebApplicationSession.setVariable("user", new User());
    // ...
  }
}

public class MyWebControllerTest {
```

```
@Test
public void someTest() {
  MyWebController controller = new MyWebController();
  controller.getHomePage();
  //...
}
```

为了测试控制器，可以对 `WebApplicationSession` 做静态建桩处理，这也会简化对控制器的测试工作。

此外，PowerMock 还可以模拟 final 方法和类，以及 private 方法。更多细节，可参阅 PowerMock wiki[①]。

4.5 小结

显而易见，Java 测试领域广阔且丰富多样。实际上，还有其他一些框架这里没有提到，或许它们更符合你的需要。尽管如此，JUnit 还是占据主导地位，它是现有应用程序中最常用的测试框架。以前 TestNG 提供的功能比 JUnit 多，但现在两个框架已经不分伯仲了。就测试替身（拟件、桩件、侦件）来说，Mockito 是个不错的选择，EasyMock 也不差，只是稍微有点冗长。

这些框架和构建工具也能很好地集成在一起，使得执行测试成为构建过程的一个步骤。对于维护良好的代码，你可以从源代码版本控制系统获取代码，然后使用 Maven、Gradle 或 Ant 运行测试。如果你面对的是遗留代码，那么它们很可能没有经过测试，或者尽管好心的开发者已经尽力引入测试，但测试仍然不完整。如果你想添加自己的测试，PowerMock 会非常有用，借助它，你可以找出应用程序中有问题的部分，然后进行修改。

4.6 参考资源

4.6.1 综合测试

Martin Fowler. Mocks Aren't Stubs, 2007-01-02.
https://martinfowler.com/articles/mocksArentStubs.html.

Lasse Koskela. Test Driven: Practical TDD and Acceptance TDD for Java Developers: Manning, 2007.
https://www.manning.com/books/test-driven.

[①] https://github.com/powermock/powermock/wiki

Roy Osherove. The Art of Unit Testing:Manning, 2013.
https://www.manning.com/books/the-art-of-unit-testing-second-edition.（提醒：书中示例代码是用C#编写的，但这本书的内容非常好，你可以跳过代码示例。）

4.6.2 测试框架相关

Sujoy Acharya. Mastering Unit Testing Using Mockito and JUnit: Packt, 2014.
https://www.packtpub.com/application-development/mastering-unit-testing-using-mockito-and-junit.

Petar Tahchiev, et al. JUnit in Action: Manning, 2010.
https://www.manning.com/books/junit-in-action-second-edition.

第 5 章 Spring

在 Java 体系中，Spring 也许是最知名的工具集了。起初，Spring 只是一个便于连接应用程序组件的工具，后来逐渐发展成各种框架的集合，其包含的框架可用于构建 Web 应用程序、访问数据、快速应用程序开发、微服务配置、移动开发等。

Spring Core 是所有 Spring 工具的核心。本章先讲 Spring Core 基础知识，然后介绍一个著名的现代 Spring 框架——Spring Boot。当然，Spring 工具包还有很多工具。本章后半部分还会介绍 Spring JDBC 和 Spring MVC。

5.1 Spring Core

5.1.1 依赖注入

术语"依赖注入"（DI）是个用复杂单词描述简单概念的典型例子。Spring 文档对"依赖注入"的解释如下。

> 依赖注入是对象定义其依赖的过程，这里的"依赖"指该对象使用的其他对象，这个过程只能通过构造函数参数、工厂方法参数，或者为对象实例（由工厂方法构建或返回）设置的属性来实现。

有点绕，是不是？在任何应用程序中，一个对象依赖于其他对象才能正常工作。比如，在 IScream 应用程序中，Application 要用到 DailySpecialService。这时，Application 便**依赖** DailySpecialService。到目前为止，我们一直是在代码中显式创建服务。而 Spring 能够自动创建（或注入）依赖。

这到底是什么？

Spring Core 管理着应用程序中所有依赖其他对象的对象。在 Spring 中，你不必在代码中手动创建和配置对象，Spring 会在运行时自动帮我们完成。

凡事有利必有弊。开发者很可能因此而过度依赖 Spring 来创建复杂的依赖树。而且，由于大部分依赖是在代码外部管理的，所以有时应用程序更难以理解。最后还要注意，依赖注入错误往往到运行时才会显露。不借助编译器，很难搞清楚某个组件出现注入错误的原因。

1. XML 和注解

和许多 Java 框架一样，Spring 刚诞生时也使用 XML 进行配置。这个选择有隐患。尽管有一些措施可以保证 XML 文档的合法性，但是编译期间还是会无法检查到某些地方，这导致许多糟糕的运行时错误产生。而且，XML 文档有可能变得冗长、繁杂，且难以阅读。为此，Spring 3 引入了注解，不使用 XML 也可以配置应用程序。注解不会造成编译时错误，但可能引发一些（并非所有）运行时错误，而且有助于指明各个类在代码中的用法。下面展示 XML 和注解两种风格，但请注意，它们并非互不相容。你可以根据不同用途同时使用 XML 和注解。

2. 使用 XML

为了使用 Spring，需要修改 IScream 应用程序，我们先创建一个依赖 DailySpecialService 类的 DailySpecialPrinter 类。

DailySpecialPrinter.java

```
 1  package com.letstalkdata.iscream;
 2
 3  import com.letstalkdata.iscream.service.DailySpecialService;
 4
 5  import java.util.List;
 6
 7  public class DailySpecialPrinter {
 8
 9      private DailySpecialService dailySpecialService;
10
11      public DailySpecialService getDailySpecialService() {
12          return dailySpecialService;
13      }
14
15      public void setDailySpecialService(DailySpecialService dailySpecialService) {
16          this.dailySpecialService = dailySpecialService;
17      }
18
19      public void printSpecials() {
20          List<String> dailySpecials = dailySpecialService.getSpecials();
21
22          System.out.println("Today's specials are:");
23          dailySpecials.forEach(s -> System.out.println(" - " + s));
24      }
25  }
```

Java 疣：getter 和 setter 方法

在大多数 Java 代码中，带有公共访问方法的私有类属性无处不在。对此，官方解释是：使用 getter 和 setter 方法，你不必担心底层实现是否发生改变。但实际上，getter 和 setter 方法只执行"获取"（get）和"设置"（set）。更糟糕的是，它们让类变得易变。

那为何还要创建它们呢？因为许多框架都要使用它们，比如 Spring XML 使用 setter 方法注入依赖（当然，也可以使用构造函数来注入依赖，但这对开发者来说更麻烦）。还有很多框架使用 getter 和 setter 方法，但是有些框架在这两个访问方法不可用时会自动查找类属性。

下面我们使用 XML 把 Spring 添加到项目中，首先创建一个 XML 文件，按照惯例将其命名为 applicationContext.xml。如果使用的是 Maven 或 Gradle，那么你应该把这个文件放在 src/main/resources 文件夹中。applicationContext.xml 文件定义了一些 bean，可以把它们看作应用程序的组件。

applicationContext.xml

```xml
1  <?xml version="1.0" encoding="UTF-8"?>
2  <beans xmlns="http://www.springframework.org/schema/beans"
3         xmlns:xsi="http://www.w3.org/2001/XMLSchema-instance"
4         xsi:schemaLocation="http://www.springframework.org/schema/beans
5          http://www.springframework.org/schema/beans/spring-beans.xsd">
6
7      <bean id="dailySpecialServiceBean"
8            class="com.letstalkdata.iscream.service.DailySpecialService" />
9
10     <bean id="dailySpecialPrinter"
11           class="com.letstalkdata.iscream.DailySpecialPrinter">
12         <property name="dailySpecialService" ref="dailySpecialServiceBean"/>
13     </bean>
14 </beans>
```

更多内容：JavaBean

一个 JavaBean 就是一个 Java 对象，它满足一些特定要求，其目的是在应用程序内部或者应用程序之间实现复用。一个类必须满足如下条件，才能成为 JavaBean。

❏ 有一个公开且不带参数的构造函数。
❏ 通过一系列 getter 和 setter 方法访问其属性。
❏ 可序列化（即实现了 java.io.Serializable 接口）。

有些框架需要使用 JavaBeans，或者至少在 JavaBeans 的协助下才有最佳表现。尽管 Spring 也将其托管对象称为 bean，但是这些 bean 可能并不完全满足 JavaBean 的要求，就这一点而言，Spring bean 可能并非真正意义上的 JavaBean。

上面的 XML 文件中，我们定义的第一个 bean 是 DailySpecialService 服务，其中 id 可以随意指定，而 class 指的是你想创建的对象的类型。

applicationContext.xml

```
7   <bean id="dailySpecialServiceBean"
8       class="com.letstalkdata.iscream.service.DailySpecialService" />
```

接着，我们定义了一个 Printer，它包含一个 property（属性），其中 name（属性名）必须与实际的 Java 类名一致，即 dailySpecialService，ref 指的是 XML 文件的另一个 bean，即 dailySpecialServiceBean。

applicationContext.xml

```
10  <bean id="dailySpecialPrinter"
11      class="com.letstalkdata.iscream.DailySpecialPrinter">
12      <property name="dailySpecialService" ref="dailySpecialServiceBean"/>
13  </bean>
```

Spring 配置应用程序的最后一步是在 main 方法中获取 ApplicationContext 的引用，并且使用上下文创建 Printer，这个过程称为"引导"（bootstrapping）。

Application.java

```
1   package com.letstalkdata.iscream;
2
3   import org.springframework.context.ApplicationContext;
4   import org.springframework.context.support.ClassPathXmlApplicationContext;
5
6   public class Application {
7
8       private static final String CONTEXT_PATH
9           = "applicationContext.xml";
10
11      public static void main(String[] args) {
12
13          ApplicationContext ctx =
14              new ClassPathXmlApplicationContext(CONTEXT_PATH);
15          DailySpecialPrinter printer = ctx.getBean(DailySpecialPrinter.class);
16
```

```
17          System.out.println("Starting store!\n\n=============\n");
18          printer.printSpecials();
19      }
20  }
```

在应用程序中使用 Spring 的 getBean 方法往往不是明智之举，你应该配置 Spring，使其自动创建对象。如果把应用程序的依赖想成一棵树，那么我们还要想办法创建根对象。因此，通常的做法是引导时在 main 中调用一次 getBean 方法。

现在，如果运行应用程序，你会发现尽管从未显式创建过 DailySpecialService 类，应用程序仍然能够正常运行。

3. 使用注解

与使用 XML 方法时一样，我们先创建一个依赖 DailySpecialService 的 DailySpecialPrinter 类。这次我们不用 applicationContext.xml，而使用 @Component 和 @Autowired 注解。在一个类前添加 @Component 注解，Spring 就能检测到这个类。@Autowired 注解用于指明你想让 Spring 注入的方法或字段。使用了注解的 Printer 如下。

DailySpecialPrinter.java

```
1  package com.letstalkdata.iscream;
2
3  import com.letstalkdata.iscream.service.DailySpecialService;
4  import org.springframework.beans.factory.annotation.Autowired;
5  import org.springframework.stereotype.Component;
6
7  import java.util.List;
8
9  @Component
10 public class DailySpecialPrinter {
11
12     private DailySpecialService dailySpecialService;
13
14     @Autowired
15     public DailySpecialPrinter(DailySpecialService dailySpecialService) {
16         this.dailySpecialService = dailySpecialService;
17     }
18
19     public void printSpecials() {
20         List<String> dailySpecials = dailySpecialService.getSpecials();
21
22         System.out.println("Today's specials are:");
23         dailySpecials.forEach(s -> System.out.println(" - " + s));
```

```
24      }
25  }
```

@Autowired 注解也可以用在 setter 方法之前。

```
private DailySpecialService dailySpecialService;

@Autowired
public void setDailySpecialService(DailySpecialService service) {
    this.dailySpecialService = service;
}
```

或者，用在字段之前。

```
@Autowired
private DailySpecialService dailySpecialService;
```

Spring 使用指南建议我们使用构造函数注入必要的依赖，而使用 setter 方法注入可选的依赖。那么，字段注入是什么情况？字段注入存在一些问题。注入字段时，你需要使用 Spring 创建一个类。不过，不管做什么都得看时机、分场合，有时候保持字段注入属性的简洁性很重要。但有一点要记住，过度依赖说明设计有问题。更多相关讨论，请阅读文章"Why field injection is evil"。

由于我们的目标是让 Spring 注入 DailySpecialService，因此需要先让 Spring "看见"它。前面提过，这可以使用@Component 注解来实现。不过，我更喜欢使用@Service 注解。二者在功能上并无二致，但是@Service 属于类的语义标记，与@Component 相比更明确。

```
@Service
public class DailySpecialService {
    //简洁起见，省略类体
}
```

最后需要调整 Application 类。和使用 XML 方法时一样，我们需要引导 Spring，但这次我们使用一个不同的 ApplicationContext：AnnotationConfigApplicationContext（在 Spring 中你要习惯长长的类名）。此外，我们还要使用@ComponentScan 对类做注解，告诉 Spring 从这个类开始，沿着包向下递归查找，找到 Spring 能够实例化的类，比如带有@Component 或@Service 注解（或者其他 Spring 组件注解）的类。

Application.java

```
1  package com.letstalkdata.iscream;
2
3  import org.springframework.context.ApplicationContext;
4  import org.springframework.context.annotation.AnnotationConfigApplicationContext;
5  import org.springframework.context.annotation.ComponentScan;
6
```

```
 7  @ComponentScan
 8  public class Application {
 9
10      public static void main(String[] args) {
11          ApplicationContext ctx =
12                  new AnnotationConfigApplicationContext(Application.class);
13          DailySpecialPrinter printer = ctx.getBean(DailySpecialPrinter.class);
14
15          System.out.println("Starting store!\n\n=============\n");
16          printer.printSpecials();
17      }
18  }
```

至此，你就可以运行应用程序了，虽然我们并未显式创建过 `DailySpecialService` 类，但是程序仍然能正常运行。

5.1.2 属性

通常应该将应用程序的某些值放在代码之外。这会让应用程序的配置和部署变得更容易，尤其当你需要维护同一个应用程序的多个实例并且它们的配置各不相同时更应如此。

假设我们的应用程序要在 UAT（用户验收测试）环境中运行，这个环境连接到了一个测试专用的 Web 服务，同时所维护的生产应用程序又指向生产 Web 服务。在这种情况下，我们就不能再把 URL 硬编码到 `DailySpecialService` 中了。

在文件系统某个目录下，创建以下文件。

application.uat.properties

```
specials.url = http://www.mocky.io/v2/590401621000003d034f66dc
```

application.prod.properties

```
specials.url = http://www.example.com/some-prod-url
```

更多内容：.properties 文件

以 .properties 为扩展名的纯文本文件通常用于配置那些需要进行少许设置的 Java 应用程序或框架。这些文件包含简单的键值对，大部分解析器都能智能识别出字符串、数字和布尔值。按照惯例，用实心句点分隔各个词。比如，一个 .properties 文件中可能包含 `app.directory.input`、`app.directory.output`、`app.db.username`、`app.db.password` 等内容。

接下来，我们需要告诉 Spring 如何访问 .properties 文件。为此，需要在 Application 类上方添加 @PropertySource 注解。（如果用的是 XML，则需要在 XML 文件中添加 PropertyPlaceholderConfigurer。）

Application.java

```
8    @ComponentScan
9    @PropertySource("file:${propPath}/application.${env}.properties")
10   public class Application {
```

注意，我们的应用程序要在多种环境中运行。为了避免重复编译代码，我们可以让应用程序动态访问其属性。Spring 支持表达式语言，允许字符串插值操作，使得我们可以动态调整文件路径的某些部分。Spring 会查找 Java 系统属性或环境变量以获取 propPath 和 env 的值，并且替换文件路径中的 ${propPath} 和 ${env}。然后，@PropertySource 会读取文件，并将其加载到 Spring 上下文中，使得应用程序可以使用这些属性。这非常有用，因为你可以动态配置应用程序，而无须重新编译它。

当使用应用程序属性时，你可以使用 @Value 注解，或者直接在 XML 文件的 bean 属性（property）中引用它们。下面的代码展示了如何访问 DailySpecialService 中的 URL。

DailySpecialService.java

```
23       private String specialsUrl;
24
25       public DailySpecialService(@Value("${specials.url}") String specialsUrl) {
26           this.specialsUrl = specialsUrl;
27       }
```

同样，我们使用了 Spring 表达式语言引用要使用的具体属性。正如可以通过字段、构造函数或 setter 方法注入对象一样，属性也可以。适用的规则也一样，通常，最好把 @Value 注解放到构造函数中。

设置好 propPath 和 env 变量后，就可以运行应用程序了。对于测试，最简单的方法是通过配置 IDE 来传入 Java 系统（或者"VM"）属性，比如 -Denv=uat。

更多内容：系统属性

事实上，我们可以在 JVM 启动时使用某些参数来配置系统属性，这些属性在 JVM 运行期间保持不变。所使用的语法是 java -Dkey = value，其中 key 和 value 是实际的属性名和属性值。我们将这些属性称为"系统属性"或"系统变量"。有些属性是由 JVM 规范定义的，此外也可以设置自定义属性。

5.2 Spring Boot

为保证各个组件能够协同工作，Spring 团队做了大量出色的工作。不过，开发者似乎总能把事情变复杂，糟糕的 applicationContext.xml 文件也屡见不鲜。虽然 Spring 使用指南可以提供很多帮助，但是正确配置一个 Spring 应用程序仍不容易，即便使用注解，也无法轻松实现。

2014 年，Spring 团队发布了 Spring Boot，该工具有助于开发者通过 Spring 平台快速开发应用。Spring Boot 遵循"约定优于配置"的理念，大大简化了新 Spring 应用程序的初始搭建和开发过程。

构建 Spring Boot 应用程序从一个或多个"starter"开始，这些"starter"包含在 Maven 或 Gradle 依赖列表中。比如，一个与 LDAP 服务器通信的 Web 应用程序会用到 spring-boot-starter-web 和 spring-boot-starter-data-ldap。你可以在 Spring Boot 的 GitHub 仓库中找到完整的 starter 列表[①]。

5.2.1 运行 Spring Boot 应用程序

类似于 Java 程序，Spring Boot 程序的入口是一个包含 main 方法的类。不过，它需要一些特殊配置才能通过 Spring Boot 运行起来。

首先，在类前添加 @SpringBootApplication 注解。这是一个快捷注解，由 @Configuration、@EnableAutoConfiguration 和 @ComponentScan 组成。前面提过 @ComponentScan，其他两个注解基于以下内容配置应用程序。

- 添加到这个类的设置（@Configuration）。
- 类路径中的内容（@EnableAutoConfiguration）。

通常，main 方法非常简单。比如，将类命名为 Application.java，如下所示。

```
public static void main(String[] args) throws Exception {
    SpringApplication.run(Application.class, args);
}
```

其中，run() 静态方法负责启动相关工作。

Spring Boot 项目既可以从 IDE 启动，也可以先使用 Maven 或 Gradle 编译成 .jar 文件再运行。此外，我们也可以在命令行中使用 mvn spring-boot:run 和 gradle bootRun 命令来编译和运行应用程序。

---

① https://github.com/spring-projects/spring-boot/tree/master/spring-boot-project/spring-boot-starters

5.2.2 配置

从前面的介绍中,可以看出 Spring 在简化配置方面做了很多努力。Spring Boot 把多个配置概念规范化为"配置文件"(profile)。一个应用程序运行时会有一个或多个配置文件起作用,使得在不同运行时环境中混合和匹配配置很容易。

Spring Boot 把与环境无关的属性放到 application.properties 或 application.yml 中,而将不同环境的特有配置放到 application-foo.properties 或 application-foo.yml 文件中,其中 foo 指的是具体环境。当使用 yml 文件时,属性名是分开的,比如 spring.foo.bar=baz 会变成:

```
Spring:
  foo:
    bar: baz
```

以前面的属性为例,编写以下配置文件,在不同的 IScream Web 服务间进行切换。

application.yml

```
spring:
  profiles:
    active: uat
```

application-uat.yml

```
specials:
  url: http://www.mocky.io/v2/590401621000003d034f66dc
```

application-prod.yml

```
specials:
  url: http://www.example.com/some-prod-url
```

上面的配置把默认配置文件设为 uat。你也可以使用 Java 系统变量 spring.profiles.active 将其覆盖,例如通过 `java -jar -Dspring.profiles.active=prod my-app.jar` 或环境变量 SPRING_PROFILES_ACTIVE 来实现。事实上,所有 Spring Boot 属性都可以用这两种方法来覆盖。前面提过,多个配置文件可以混合在一起,只要在各个配置文件名称之间加上逗号进行分隔就行了。

超前警告:Spring Cloud Config

如果你运行的是分布式软件或者需要支持多个环境,应用程序配置文件可能变得十分冗长。为此,Spring 提出了 Spring Cloud Config 解决方案,它使得应用程序可以通过查询 Web 服务来确定属性。默认情况下,这些属性存储在 Git 仓库中,Spring Cloud Server 会克隆它们,并且发送给发来请求的应用程序。

5.3 小结

本章只介绍了 Spring 框架的皮毛，Spring 的使用方式多种多样，所以很难给出一些普遍适用的建议。不过，我们至少可以记住，Spring Core 的目标是在运行时把应用程序同所有配置适当的依赖项组合在一起。前面提过，Spring 工具集很流行，讲解后面的内容时，我们会再次提到它。

Spring Boot 是搭建 Spring 应用程序的新方法，它使开发者有更多的时间编写代码，大大减少了配置所花的时间。本章代码中有相应的例子。更多相关内容，第 6 章讨论 Web 框架时将深入讲解。

5.4 参考资源

Spring. Guides. https://spring.io/guides.

Deinum, Marten, et al. Spring Recipes: A Problem-Solution Approach: Apress, 2014. http://www.apress.com/br/book/9781430259084.

Craig Walls. Spring Boot in Action: Manning, 2015. https://www.manning.com/books/spring-boot-in-action.

Craig Walls. Spring in Action: Manning, 2014. https://www.manning.com/books/spring-in-action-fourth-edition.

Mook Kim Yong. Spring Tutorial. http://www.mkyong.com/tutorials/spring-tutorials.

第 6 章 Web 应用程序框架

在企业环境中，Java 最常用于 Web 开发。1999 年，Sun 公司推出了 J2EE（Java 2 Platform, Enterprise Edition，Java 2 平台企业版），它为开发者提供了许多 API，使得使用 Java 进行 Web 开发变得可行。从那以后，出现了数十种 Web 开发框架，起落浮沉。如今仍有大量 Web 开发框架可供选择，一一介绍它们绝非易事，所以这里只介绍几个最流行的框架。

- Spring MVC：截至目前，在众多 Web 开发框架中，Spring MVC 框架占据着主导地位。它在 Spring Core（前面讲过）的基础上发展而来，提供了构建控制器的功能，这些控制器可以实现业务模型和 HTML 视图的交互。
- Spring Boot：前面介绍了使用 Spring Boot 创建控制台应用程序的方法，它也可以用作 Spring MVC 的封装器，进一步简化 Web 开发过程。
- Java Server Faces（JSF）：JSF 框架建立在可复用的 UI 组件之上，这些组件可以很容易地链接到数据和事件处理程序。它抽象了大部分 HTML、CSS 和 JavaScript，并且能够与 AJAX 很好地集成。
- Vaadin：Vaadin 比 JSF 更进一步，它完全抽象了所有客户端代码和 Web 应用程序的请求－响应周期。

落后警告：过时框架

几年前，我接手过一个 Web 应用程序，它所采用的框架在 2008 年就已"寿终正寝"了。幸好后来我找到了一个内部应用程序，才解决了一些重大的安全问题。对于这样的框架，像样的文档也很难找到。然而这样的例子在企业级 Java 环境中并不鲜见。在 Java 历史上，有很多 Web 框架兴起又消亡。

如果你正被过时框架困扰，下面几种方法可以帮到你。

- 找出模式：添加新特征时，尽量从应用程序中寻找已有的相似特征，然后进行模仿。
- 逛论坛：2000 年初，大量 Web 论坛兴起，很多活跃至今。提高网络搜索技巧，你会有所收获。多试试网站中的"更多内容"。

❑ 寻求帮助：多请教团队中的前辈，他们中很可能有人曾经用过你用的那个框架，或许可以帮你解决你遇到的问题。

6.1 Java EE Web API

使用 Java Web 框架时，通常你并不需要直接和 Java EE 的底层 API 打交道，但是你仍需要了解一些概念。

6.1.1 请求和响应

进入框架的请求就是 `HttpServletRequest`，经由它可以访问会话、cookies、参数、表单数据等。返回给客户的响应是 `HttpServletResponse`，我们可以修改它，使其包含状态码、响应数据、头信息等。

有时你需要直接使用这些对象。此时，控制器方法可以接收 `HttpServletRequest` 作为参数，返回 `HttpServletResponse`。不过，大部分时候，框架会替你完成。

6.1.2 JavaServer Pages

JavaServer Pages（JSP）技术支持动态生成 HTML。.jsp 文件和带有一些扩展标签和语法的 HTML 文件类似。这些扩展支持访问模型数据和执行简单的逻辑（比如条件语句和循环语句），以产生动态内容。它们在服务器端进行计算，并转换成 HTML，发送给客户端。尽管还有其他创建 Web 应用程序视图的方法，但是很多框架都采用了 JSP 技术。

6.1.3 servlet 容器

大多数 Java Web 应用程序都部署在 "servlet 容器" 中。servlet 容器负责处理 Web 服务器和 Java 应用程序之间的通信。下一章会介绍更多容器相关内容，现在你只需要知道应用程序必须把自身注册到容器中就好了。这通常使用 web.xml 文件来实现，不过有些框架支持使用纯 Java 代码实现。

大多数框架的目录结构如下。

❑ src/main/java：应用程序代码。
❑ src/main/resources：文本文件、属性等。它们包含在类路径中，协助应用程序代码。
❑ src/main/webapp/resources：公共资源，比如 CSS、JavaScript、图像等。
❑ src/main/webapp/WEB-INF：私有资源，servlet 容器可以访问它们。

6.2　Spring MVC

本书不会详细讲解 MVC（Model-View-Controller，模型–视图–控制器）模式的相关内容，这里只做简单介绍。模型指的是逻辑和业务对象，视图指的是与用户交互的界面，控制器负责把模型和视图绑在一起。Spring 的 MVC 框架提供了一套以控制器为中心的 API，易于把请求转换成模型对象，以及把模型对象转换成视图。

6.2.1　模型

下面为 IScream 公司创建的一个简单的销售点系统，工作人员可以处理冰激凌订单，并计算费用。首先，添加几个辅助的领域对象（domain object）。

Flavor.java

```
1  package com.letstalkdata.iscream.domain;
2
3  import java.util.Locale;
4
5  public enum Flavor {
6      VANILLA, CHOCOLATE, STRAWBERRY;
7
8      public String toString() {
9          return name().charAt(0) +
10                 name().substring(1).toLowerCase(Locale.getDefault());
11     }
12 }
```

Topping.java

```
1  package com.letstalkdata.iscream.domain;
2
3  import java.util.Locale;
4
5  public enum Topping {
6      CARAMEL,
7      CHERRY,
8      PEANUTS,
9      SPRINKLES;
10
11     public String toString() {
12         return name().charAt(0) +
13                name().substring(1).toLowerCase(Locale.getDefault());
14     }
15 }
```

Order.java

```java
package com.letstalkdata.iscream.domain;

import java.util.ArrayList;
import java.util.Arrays;
import java.util.List;

public class Order {
    private String flavor;
    private int scoops;
    private List<Topping> toppings = new ArrayList<>();

    public Order() {

    }

    public Order(String flavor, int scoops, Topping... toppings) {
        this.flavor = flavor;
        this.scoops = scoops;
        this.toppings = Arrays.asList(toppings);
    }

    public String getFlavor() {
        return flavor;
    }

    public void setFlavor(String flavor) {
        this.flavor = flavor;
    }

    public int getScoops() {
        return scoops;
    }

    public void setScoops(int scoops) {
        this.scoops = scoops;
    }

    public List<Topping> getToppings() {
        return toppings;
    }

    public void setToppings(List<Topping> toppings) {
        this.toppings = toppings;
```

```
44        }
45
46        public double getPrice() {
47            return scoops * 1.50d + toppings.size() * 0.25d;
48        }
49    }
```

值得注意的是，上面的代码中没有任何部分将这些对象标识为 Web 应用程序的一部分，这是有意为之。Spring 会尽量使用简单 Java 对象（POJO，Plain Old Java Object）。

6.2.2 视图

该应用程序有两个视图：一个负责向雇员显示订单数据，另一个负责返回价格。Spring MVC 可以使用各种视图技术，而这里选择 JSP 技术。

前面提过，.jsp 文件类似于 HTML 文件，可以使用 HTML 的所有可用标签。当然，通过在文件顶部添加 taglib，我们也可以使用其他标签。大多数 JSP 文件都可以使用标准的 JSP 标签库。此外，我们还可以使用 JSP 表达式语言来注入动态内容，语法是${表达式}，其中"表达式"可以是变量、字面量、运算符，甚至是对特定 Java 方法的调用。

下面我们动态地把口味（flavor）和配料（topping）注入视图中：

```
<select name="flavor">
  <option value="" selected></option>
  <c:forEach items="${flavors}" var="flavor">
    <option value="${flavor}">${flavor.toString()}</option>
  </c:forEach>
</select>
```

稍后讲解"口味"是如何传递的，但这里我们假设已经做好了，那么返回到客户端的 HTML 如下所示。

```
<select name="flavor">
  <option value="" selected></option>
  <option value="VANILLA">Vanilla</option>
  <option value="CHOCOLATE">Chocolate</option>
  <option value="STRAWBERRY">Strawberry</option>
</select>
```

同样，采用类似方法，我们还可以注入配料和价格，相关内容见本章示例代码。

6.2.3 控制器

Spring MVC 控制器强大又灵活，几乎可以轻松满足任何需要。同时，通常有几种不同的方法可以解决同样的问题，当你刚开始学习这个框架时，可能会感到困惑。

在控制器类上要添加@Controller 注解，有时还会添加@RequestMapping 注解，表示控制器类中所有响应请求的方法都以该地址为父路径，比如 EmployeeController 中所有响应请求方法的父路径是/employee。

在定义路由时，@RequestMapping 注解也可以用于某个方法，包括请求的真实路径（比如/new）和 HTTP 方法（比如 POST）。此外，路由方法非常灵活，参数对象有 20 多种，有效返回类型超过 15 种。因此我们为应用程序新订单页面定义路由的方法有很多，其中之一如下。

OrderController.java

```
20      @RequestMapping(value = "/new", method = RequestMethod.GET)
21      public String orderForm(Model model) {
22          model.addAttribute("flavors",
23                  EnumSet.allOf(Flavor.class));
24          model.addAttribute("toppings",
25                  EnumSet.allOf(Topping.class));
26          return "new-order";
27      }
```

上面的代码中传入了一个 Model，我们可以修改（或者充实）它，使其包含口味列表和配料列表。比如设置好 flavors 属性之后，我们就可以在视图中使用${flavors}表达式来访问其数据了。最后，返回类型是一个字符串，用于指明要使用的视图。

为了处理订单，POST 请求需要发送到相同的路径。为此，我们可以在控制器中创建另外一个方法。

OrderController.java

```
29      @RequestMapping(value = "/new", method = RequestMethod.POST)
30      public String createOrder(@ModelAttribute Order order, Model model) {
31          double priceNumber = order.getPrice();
32          String price = NumberFormat.getCurrencyInstance(Locale.US)
33                  .format(priceNumber);
34          model.addAttribute("price", price);
35          return "order-success";
36      }
```

使用@ModelAttribute 注解，请求就神奇地自动转换成一个 Order 对象。Spring MVC 会使用 POST 请求中的表单数据属性调用 Order 类中相应的 setter 方法。（该框架也需要使用 getter 和 setter 方法！）此外，我们还可以加入一个 Model，用计算好的价格"充实"它，并且返回一个字符串，指定响应要使用的视图。

上面这些例子只是 Spring MVC 控制器强大功能的冰山一角。在你的应用程序中，你可以尝试控制器的更多使用方法，以应对更复杂的请求–响应过程。一开始你可能不知所措，别急，慢慢来！

6.2.4 配置

Spring MVC 作为 Spring 工具，我们可以使用 XML 文件或注解来配置它。我们举的例子是个非常小的应用程序，它所需要的配置很少。同样的配置如何使用 XML 和注解两种方法来实现，示例如下。

dispatcher-servlet.xml

```xml
<beans xmlns="http://www.springframework.org/schema/beans"
    xmlns:context="http://www.springframework.org/schema/context"
    xmlns:xsi="http://www.w3.org/2001/XMLSchema-instance"
    xmlns:mvc="http://www.springframework.org/schema/mvc"
    xsi:schemaLocation="
     http://www.springframework.org/schema/beans
     http://www.springframework.org/schema/beans/spring-beans.xsd
     http://www.springframework.org/schema/context
     http://www.springframework.org/schema/context/spring-context.xsd
     http://www.springframework.org/schema/mvc
     http://www.springframework.org/schema/mvc/spring-mvc.xsd">

    <context:component-scan base-package="com.letstalkdata.iscream" />

    <bean
      class="org.springframework.web.servlet.view.InternalResourceViewResolver">
        <property name="viewClass"
          value="org.springframework.web.servlet.view.JstlView"/>
        <property name="prefix" value="/WEB-INF/views/jsp/" />
        <property name="suffix" value=".jsp" />
    </bean>

    <mvc:annotation-driven />

</beans>
```

WebConfig.java

```java
package com.letstalkdata.iscream;

import org.springframework.context.annotation.Bean;
import org.springframework.context.annotation.ComponentScan;
import org.springframework.context.annotation.Configuration;
import org.springframework.web.servlet.ViewResolver;
import org.springframework.web.servlet.config.annotation.EnableWebMvc;
import org.springframework.web.servlet.view.InternalResourceViewResolver;
import org.springframework.web.servlet.view.JstlView;

@ComponentScan
@Configuration
@EnableWebMvc
public class WebConfig {

    @Bean
    public ViewResolver viewResolver() {
        InternalResourceViewResolver viewResolver =
                new InternalResourceViewResolver();
        viewResolver.setViewClass(JstlView.class);
        viewResolver.setPrefix("/WEB-INF/views/jsp/");
        viewResolver.setSuffix(".jsp");
        return viewResolver;
    }
}
```

该配置告知 Spring MVC 如何为应用程序查找视图。

最后，我们需要配置应用程序，使之在 servlet 容器中运行。前面讲过，这通常是通过 web.xml 文件来实现的。web.xml 文件位于 WEB-INF 目录之下，其中定义了一个 servlet，它会和其他配置选项一起被注册到容器中。

web.xml

```xml
<?xml version="1.0" encoding="UTF-8"?>
<web-app xmlns="http://xmlns.jcp.org/xml/ns/javaee"
         xmlns:xsi="http://www.w3.org/2001/XMLSchema-instance"
         xsi:schemaLocation="http://xmlns.jcp.org/xml/ns/javaee
         http://xmlns.jcp.org/xml/ns/javaee/web-app_3_1.xsd"
         version="3.1">
    <servlet>
        <servlet-name>dispatcher</servlet-name>
        <servlet-class>
            org.springframework.web.servlet.DispatcherServlet
```

```xml
11          </servlet-class>
12          <init-param>
13              <param-name>contextConfigLocation</param-name>
14              <param-value>/WEB-INF/dispatcher-servlet.xml</param-value>
15          </init-param>
16          <load-on-startup>1</load-on-startup>
17      </servlet>
18      <servlet-mapping>
19          <servlet-name>dispatcher</servlet-name>
20          <url-pattern>/</url-pattern>
21      </servlet-mapping>
22  </web-app>
```

你可以使用一个 Java 对象来完成这项工作。

WebApplicationInitializer.java

```java
package com.letstalkdata.iscream;

import org.springframework.web.WebApplicationInitializer;
import org.springframework.web.context.ContextLoaderListener;
import org.springframework.web.context.support
        .AnnotationConfigWebApplicationContext;
import org.springframework.web.servlet.DispatcherServlet;

import javax.servlet.ServletContext;
import javax.servlet.ServletRegistration;

public class WebAppInitializer implements WebApplicationInitializer {
    @Override
    public void onStartup(ServletContext container) {
        AnnotationConfigWebApplicationContext context
                = new AnnotationConfigWebApplicationContext();
        context.setConfigLocation("com.letstalkdata.iscream.WebConfig");

        container.addListener(new ContextLoaderListener(context));

        DispatcherServlet dispatcherServlet = new DispatcherServlet(context);
        ServletRegistration.Dynamic dispatcher = container
                .addServlet("dispatcher", dispatcherServlet);

        dispatcher.setLoadOnStartup(1);
        dispatcher.addMapping("/");
    }
}
```

这样，现在就可以把应用程序部署到 servlet 容器中了。但是，如果你想试一下示例代码，可以运行 gradle appRun，它将在你的计算机上启动一个非常小的 servlet 容器（Gretty），并将应用程序部署到 http://localhost:8080。

6.3 Spring Boot

5.2 节介绍了 Spring Boot，以及使用它快速开发应用程序的方法。通过另外添加一个 starter，我们可以使用 Spring Boot 轻松构建 Spring MVC Web 应用程序。

使用 Spring Boot 的主要优点是无须任何配置。Spring Boot Web 应用程序既没有 web.xml，也没有 WebApplicationInitializer 类。而且，也不必创建@WebConfig 类或 dispatcher-servlet.xml。在类路径上有 spring-boot-starter-web starter，足以配置应用程序了。

6.3.1 Thymeleaf

尽管我们可以在 Spring Boot 应用程序中使用 JSP 技术，但还是推荐使用 Thymeleaf 模板引擎来创建视图。只要 Thymeleaf 在类路径上，它就会自动用作应用程序视图渲染器。Thymeleaf 引擎与 JSP 技术类似，但它们有一个明显的区别，那就是 Thymeleaf 视图是(X)HTML 文件，并且使用自定义属性代替标签。作为对比，下面的示例使用 Thymeleaf 把 flavor 加载到视图中。

```
<select class="form-control" id="flavor" name="flavor">
  <option value="" selected="selected"></option>
  <option th:each="flavor : ${flavors}"
    th:value="${flavor.name()}"
    th:text="${flavor}"></option>
</select>
```

可以看到，上面的代码与 HTML 很像，带"th"前缀的属性提供处理逻辑。按照约定，"th"是 http://www.thymeleaf.org 的别名。

由于使用的是 HTML，所以这些视图可以直接加载到浏览器中，而无须运行应用程序。如下图所示。

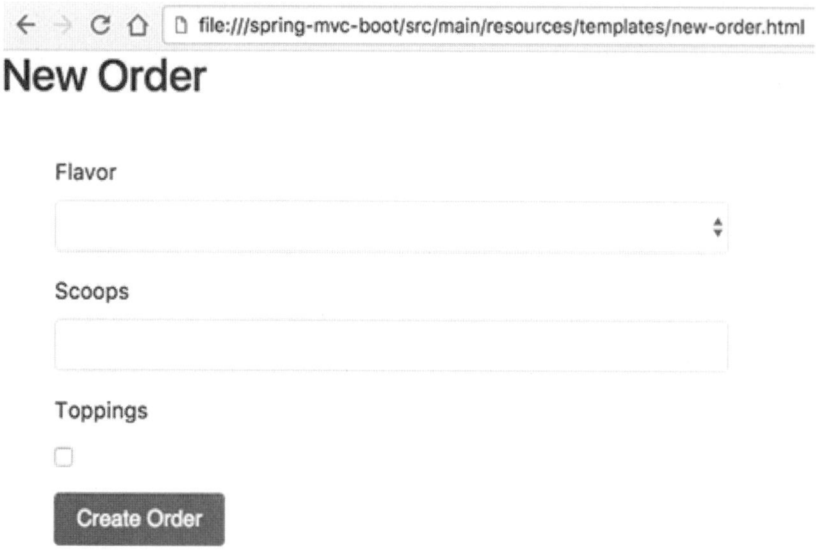

图 6-1　浏览器中的 Thymeleaf 视图

显然，服务器端的数据没有在视图中呈现出来，但是它可以让你大致了解布局和样式，加快端设计迭代。如果你想深入了解 Thymeleaf，请参考官方文档。

6.3.2　运行 Spring Boot Web 应用程序

前面讲过，Java Web 应用程序在 servlet 容器中运行。把应用部署到容器中要花几分钟（应用程序越复杂，所需时间就越长），这在开发期间会很烦人。为了加快速度，你可以使用插件把应用程序部署到一个轻量级的本地容器中。本章选用了 Gretty 插件，你可以运行 `gradle appRun` 来调用它。Spring Boot 采用了类似的方法，但是它并不把容器和应用程序看作独立的实体，Spring Boot 会把一个容器（Tomcat）嵌在你的应用程序中。当在命令行中输入 `java -jar ...` 命令或者在 IDE 中运行 main 类时，嵌入的容器会自动启动。这使得本地开发和产品部署一样简单。

6.4　JavaServer Faces

JavaServer Faces（JSF）是一种构建 Web 应用程序的技术，它侧重于应用程序的 UI，而非后端连接。事实上，控制器对开发者几乎是完全隐藏的，开发者开发程序的时间主要花在了模型和视图上。迄今为止，本书介绍了构建 Web 应用程序的多种技术，其中，JSF 可能是社区中最具争议性的技术。有些人批评它对开发者隐藏得太多，增加了有状态性，并将视图和模型耦合得太紧。而有些开发者称赞其可复用性和生产力。

6.4.1 托管 Bean

与 Spring 不同，使用 JSF 时，我们不会手动向视图中注入东西。JSF 应用程序会创建并访问"托管 bean"来与模型交互。创建托管 bean 就像在类中添加@ManagedBean 注解一样简单。此外，还要为托管 bean 指定作用域，以告知应用程序要保留多久。Oracle 公司的 Java EE 使用说明中有完整的作用域列表，常见的作用域如下所示。

- `ApplicationScoped`：在应用程序的整个运行期间都存在。该作用域通常用于全局 bean，以便多个用户访问它们。
- `SessionScoped`：只在用户会话期间存在。
- `RequestScoped`：只存在于一个请求–响应周期中（默认的作用域）。

对于 IScream 应用程序，我创建了一个所有用户都可以使用的 `IngredientService` 类，并且设置 `Order` 类的作用域为 `RequestScoped`。

此外，托管 bean 还可以管理那些视图可以访问的属性。因为 JSF 是有状态的，所以我在 `Order` 类中创建了几个托管属性。稍后展示使用方法。

IngredientService.java

```java
 1  package com.letstalkdata.iscream.service;
 2
 3  import com.letstalkdata.iscream.domain.Flavor;
 4  import com.letstalkdata.iscream.domain.Topping;
 5
 6  import javax.faces.bean.ApplicationScoped;
 7  import javax.faces.bean.ManagedBean;
 8  import java.util.ArrayList;
 9  import java.util.EnumSet;
10  import java.util.List;
11  import java.util.stream.Collectors;
12
13  @ManagedBean(name = "ingredientsService")
14  @ApplicationScoped
15  public class IngredientsService {
16
17      public List<String> getFlavors() {
18          List<String> flavors = new ArrayList<>();
19          flavors.add("");
20          flavors.addAll(EnumSet.allOf(Flavor.class).stream()
21                  .map(Flavor::toString)
22                  .collect(Collectors.toList()));
23          return flavors;
24      }
```

```
25
26      public List<String> getToppings() {
27          return EnumSet.allOf(Topping.class).stream()
28                  .map(Topping::toString)
29                  .collect(Collectors.toList());
30      }
31  }
```

Order.java

```
1   package com.letstalkdata.iscream.domain;
2
3   import javax.faces.bean.ManagedBean;
4   import javax.faces.bean.ManagedProperty;
5   import java.text.NumberFormat;
6   import java.util.ArrayList;
7   import java.util.Arrays;
8   import java.util.List;
9   import java.util.Locale;
10
11  @ManagedBean
12  public class Order {
13      private String flavor;
14      private int scoops = 1;
15      private List<Topping> toppings = new ArrayList<>();
16
17      @ManagedProperty("formattedPrice")
18      private String formattedPrice;
19
20      @ManagedProperty("saved")
21      private boolean saved;
22
23      public Order() {
24
25      }
26
27      public Order(String flavor, int scoops, Topping... toppings) {
28          this.flavor = flavor;
29          this.scoops = scoops;
30          this.toppings = Arrays.asList(toppings);
31      }
32
33      public String getFlavor() {
34          return flavor;
35      }
36
37      public void setFlavor(String flavor) {
```

```
38            this.flavor = flavor;
39        }
40
41        public int getScoops() {
42            return scoops;
43        }
44
45        public void setScoops(int scoops) {
46            this.scoops = scoops;
47        }
48
49        public List<Topping> getToppings() {
50            return toppings;
51        }
52
53        public void setToppings(List<Topping> toppings) {
54            this.toppings = toppings;
55        }
56
57        public String getFormattedPrice() {
58            return formattedPrice;
59        }
60
61        public void setFormattedPrice(String formattedPrice) {
62            this.formattedPrice = formattedPrice;
63        }
64
65        public boolean isSaved() {
66            return saved;
67        }
68
69        public void setSaved(boolean saved) {
70            this.saved = saved;
71        }
72
73        private double calculatePrice() {
74            return scoops * 1.50d + toppings.size() * 0.25d;
75        }
76
77        public void save() {
78            this.saved = true;
79            formattedPrice = NumberFormat.getCurrencyInstance(Locale.US)
80                    .format(calculatePrice());
81        }
82
83   }
```

6.4.2 JSF 视图

JSF 视图类似于 Thymeleaf，也是 XHTML 文件，使用自定义扩展告诉服务器如何构建响应。不过，JSF 更依赖自定义的标签。实际上，大多数 JSF XHTML 文件几乎都使用自定义标签。使用 JSF 创建熟悉的"flavors"方法如下。

```
<h:selectOneMenu id="flavor" class="form-control" h:value="#{order.flavor}">
    <f:selectItems value="#{ingredientsService.flavors}" var="flavor"
                   itemLabel="#{flavor}" itemValue="#{flavor}" />
</h:selectOneMenu>
```

上面的代码中，托管 bean（`ingredientsService`）用于填充 select 列表项目。更重要的是还可以看到 `h:value="#{order.flavor}"`，这正是我们把视图数据绑定到模型的方法。order bean 是受托管的，我们有 `setFlavor` 方法，所以可以访问 flavor 的值。

把数据绑定到模型之后，我们需要把计算好的费用呈现给用户。为此，我们可以使用 JSF 对 AJAX 的内置支持来代替页面重定向。利用 order bean 的托管属性也在此处。处理 AJAX 请求的 JSP 代码如下所示。

new-order.xhtml

```
33        <h:commandButton class="btn btn-primary" value="Create Order"
34                         action="#{order.save}">
35          <f:ajax execute="@form" render="orderDisplay"/>
36        </h:commandButton>
37        <br/>
38        <h:panelGroup id="orderDisplay" layout="block">
39          <h:panelGroup rendered="#{order.saved}">
40            <h:outputText value="Order Saved!"/>
41            <br/>
42            <h:outputText value="Flavor: #{order.flavor}"/>
43            <br/>
44            <h:outputText value="Scoops: #{order.scoops}"/>
45            <br/>
46            <h:outputText value="Toppings: #{order.toppings}"/>
47            <br/>
48            <h:outputText id="priceDisplay"
49                          value="The total is: #{order.formattedPrice}"/>
50          </h:panelGroup>
51        </h:panelGroup>
```

页面加载时，订单没有详细信息，所以无法计算价格。但是，由于 order 是一个托管 bean，所以当用户提交 AJAX 请求时，setter 方法就会将详细信息注入订单之中。此外，`save()` 方法会执行，因为它被指派了 `commandButton` 的 action 属性。然后 `save()` 方法更改 saved 属性。由于 saved 属性值（布尔值）决定 panelGroup 可见性，所以 panelGroup 就显示出来了。最后，访问 formattedPrice 并渲染至页面。

要运行演示应用程序，你可以再次运行 gradleappRun 命令。不过，在使用 JSF 时，通常不需要指定访问路径，它们通常是基于 webapp 内部的文件结构的。因此，要访问订单页面，请前往 http://localhost:8080/new-order.xhtml。

6.5 Vaadin

Web 应用程序开发者们面临一个共同挑战，他们需要充分理解服务器端语言和前端技术：JavaScript、CSS 和 HTML。这使得近年来服务器端的 JavaScript 变得越发流行。但是对于 Java Web 开发者来说，这个障碍仍然存在。即使熟悉各种 Web 技术并且经验丰富的开发者也要花费大量时间把前端和后端连接起来。为此，Google 推出了 GWT（Google Web Toolkit），它能把纯 Java 代码编译为 HTML 和 JavaScript。其实，现在 GWT 仍然是切实可行的 Web 框架。Vaadin 建立在 GWT 之上，其目标是简化和抽象 GWT 中一些复杂的部分。

类似于 JSF，Vaadin 也对开发者隐藏了请求-响应周期，并且没有明确的"控制器"概念。另外，使用 Vaadin 时，你不必创建任何 HTML 视图文件[①]。大部分 Web 应用程序都可以完全用 Java 来设计，不过，如果需要定制样式或高级客户端组件，你可以使用 CSS 或 JavaScript 来扩展 Vaadin。

6.5.1 布局和组件

通常 Vaadin 中的视图是通过把组件添加到布局中构建的。其中，组件对象有文本域、选择列表、标题、网格、按钮，或者其他布局。要创建新订单界面，先要创建一个 VerticalLayout，它包含一个 FormLayout，用以显示订单详细信息；还要创建一个 VerticalLayout，用于显示价格。

OrderScreen.java

```
1  package com.letstalkdata.ui;
2
3  import com.letstalkdata.domain.Flavor;
4  import com.letstalkdata.domain.Order;
5  import com.letstalkdata.domain.Topping;
6  import com.vaadin.ui.*;
7  import com.vaadin.ui.themes.ValoTheme;
```

[①] Vaadin 商业版本支持访问设计器工具，这允许你使用 GUI 构建视图。虽然设计器的确创建了一个 HTML 文件，但是你很少直接与它交互。

```java
   8
   9  import java.text.NumberFormat;
  10  import java.util.EnumSet;
  11  import java.util.Locale;
  12
  13  public class OrderScreen extends VerticalLayout {
  14
  15      private OrderDetailsForm orderDetailsForm;
  16      private OrderSavedLayout orderSavedLayout;
  17
  18      public OrderScreen() {
  19          orderDetailsForm = new OrderDetailsForm();
  20          orderSavedLayout = new OrderSavedLayout();
  21
  22          addComponent(orderDetailsForm);
  23          addComponent(orderSavedLayout);
  24      }
  25
  26      private class OrderDetailsForm extends FormLayout {
  27          private NativeSelect<Flavor> flavor;
  28          private TextField scoops;
  29          private CheckBoxGroup<Topping> toppings;
  30          private Button submit;
  31
  32          public OrderDetailsForm() {
  33              flavor = new NativeSelect<>(
  34                      "Flavor",
  35                      EnumSet.allOf(Flavor.class));
  36              scoops = new TextField("Scoops");
  37              toppings = new CheckBoxGroup<>(
  38                      "Toppings",
  39                      EnumSet.allOf(Topping.class));
  40
  41              submit = new Button("Submit");
  42              submit.setStyleName(ValoTheme.BUTTON_PRIMARY);
  43              submit.addClickListener(click -> {
  44                  Order order = new Order(
  45                          flavor.getValue().toString(),
  46                          Integer.parseInt(scoops.getValue()),
  47                          toppings.getValue().toArray(new Topping[]{}));
  48                  orderSavedLayout.showDetails(order);
  49              });
  50
  51              addComponent(flavor);
  52              addComponent(scoops);
  53              addComponent(toppings);
  54              addComponent(submit);
```

```
55          }
56      }
57
58      private static class OrderSavedLayout extends VerticalLayout {
59          Label orderDetails;
60
61          OrderSavedLayout() {
62              setVisible(false);
63              setMargin(false);
64              orderDetails = new Label();
65              addComponent(orderDetails);
66          }
67
68          void showDetails(Order order) {
69              setVisible(true);
70              double priceNumber = order.getPrice();
71              String price = NumberFormat.getCurrencyInstance(Locale.US)
72                      .format(priceNumber);
73              orderDetails.setValue("Order Saved! Total: " + price);
74          }
75      }
76  }
```

由于Vaadin中不存在明确的控制器或者对请求的引用，所以我们可以在编译时"填充"flavor和toppings控件。类似地，我们并不关心应用程序如何响应用户点击提交按钮，而关心用户点击那个按钮时会发生什么，这正是需要我们通过编码实现的。

6.5.2 Vaadin UI

在Vaadin应用程序中创建UI就像定义路径一样。不过，与传统Web应用程序不同，大多数Vaadin应用程序只有少量路径，很多只有一条。一个Vaadin UI就是一个单页Web应用（SPA），不同的页面可以通过实现View接口呈现给用户。

在IScream UI中，我们创建一个`OrderScreen`实例，并将其设置为UI根路径。

OrderUI.java

```
1  package com.letstalkdata.ui;
2
3  import javax.servlet.annotation.WebServlet;
4
5  import com.vaadin.annotations.Theme;
6  import com.vaadin.annotations.VaadinServletConfiguration;
7  import com.vaadin.server.VaadinRequest;
8  import com.vaadin.server.VaadinServlet;
```

```java
 9  import com.vaadin.ui.*;
10
11  @Theme("mytheme")
12  public class OrderUI extends UI {
13
14      @Override
15      protected void init(VaadinRequest vaadinRequest) {
16          OrderScreen orderScreen = new OrderScreen();
17          setContent(orderScreen);
18      }
19
20      @WebServlet(urlPatterns = "/*",
21              name = "OrderUIServlet", asyncSupported = true)
22      @VaadinServletConfiguration(ui = OrderUI.class, productionMode = false)
23      public static class OrderUIServlet extends VaadinServlet {
24      }
25  }
```

6.5.3 主题

每个 UI 都能有自己的主题，这些主题可以通过 SASS（CSS 扩展）创建。除非你执意要自己定制风格，不然最好在 Vaadin 的现有主题之上构建。对于示例程序，我选用了 Valo 主题作为根路径。

mytheme.scss

```scss
1  @import "../valo/valo.scss";
2
3  @mixin mytheme {
4    @include valo;
5
6    //在此插入自定义主题
7  }
```

上面的代码不包含任何定制，如果你需要，可以插入自己的主题。此外，你还应把 SCSS 主题编译成 CSS，使用 Maven Vaadin 插件可以轻松实现。（查看示例代码中的 README.md 文件获取更多细节。）

6.5.4 运行应程序

Vaadin Maven 插件包含一个简单的 Web 服务器，可以在开发期间运行应用程序。运行 mvn jetty:run，访问 http://localhost:8080/。如果你定义了多个 UI，可以分别通过 http://localhost:8080/my-main-ui、http://localhost:8080/my-other-ui 等地址访问。

6.6 小结

本章只介绍了目前仍然在使用的几个典型 Java Web 框架,并且特意展示了开发 Java Web 应用程序的多种方法。

我们先介绍了传统的开发框架 Spring MVC,涉及了请求、响应等相关知识,并且讲解了使用 Spirng Boot 轻松、快速开发 Spring MVC 应用程序的方法。我们还讲到了 Vaadin,在很大程度上,使用它进行开发就像开发桌面应用程序一样。中间还提到了 JSF,它对开发者隐藏了控制器,而着重于视图构建。每一个都各有所长,并且都很常用。

此外,我们还介绍了各种视图构建技术。JSP 是最老的一种,它使用表达式语言实现基本逻辑。Spring 扩展了表达式语言,使得 Spring 应用程序更易使用。JSF 和 Thymeleaf 都使用 XHTML,但方法略有不同。Thymeleaf 视图主要使用带有特殊属性的 HTML 标签,而 JSF 视图几乎只使用自定义标签。最后,Vaadin 摒弃了视图文件,转而使用 Java 来定义视图。

从许多方面来说,Java Web 应用程序可能是传统公司会开发的最复杂的应用程序了。而且开发时并非总会遵循这些最佳实践,有些框架也不够灵活。其间,最重要的是要花时间了解公司所使用的框架以及开发者使用这些框架的方式。

6.7 参考资源

Amuthan Ganeshan. Spring MVC: Beginner's Guide - Second Edition: Packt, 2016.
https://www.packtpub.com/application-development/spring-mvc-beginners-guide-second-edition.

Anghel Leonard. Mastering JavaServer Faces 2.2: Packt, 2014.
https://www.packtpub.com/application-development/mastering-javaserver-faces-22.

Craig Walls. Spring Boot in Action: Manning, 2015.
https://www.manning.com/books/spring-boot-in-action.[①]

Vaadin. Vaadin Docs, 2017. https://vaadin.com/docs/.

---

① 此书中文版已由人民邮电出版社出版,详见 http://www.ituring.com.cn/book/1884。——编者注

第 7 章 Web 应用程序部署

取决于公司规模，你可能永远都不需要自己部署代码，因为有专门的部署团队会负责。尽管如此，你还是应该熟悉代码的部署方式，只有这样，你才能正确地维护项目的构建文件。另外，如果你在一个较小的团队中，那么你很可能也需要了解如何部署自己创建的项目。

与控制台应用程序不同，Java Web 应用程序并不是从命令行运行的（尽管会有例外）。相反，它们在应用程序服务器内部运行，这些服务器负责处理对你的代码的请求，并且把响应返回到 Web 服务器。

7.1 打包

Java 应用程序有两种常用的打包方法：WAR 文件和 EAR 文件。

WAR（Web Application aRchive）文件和 JAR 文件完全一样，二者只是扩展名不同，这样做是为了便于将其识别为 Web 应用程序。当 WAR 用作部署构件时，它包含应用程序运行所需的所有代码，比如领域对象、控制器、视图文件等。

EAR（Enterprise Application aRchive）文件是类型不同的部署归档文件，它同时包含 WAR 文件和 JAR 文件。通常在使用 EAR 文件时，WAR 文件只包含 Web 应用程序相关代码。领域对象、服务等（这里指的是 EJB）都打包在 JAR 文件中。理论上，这意味着不同团队可以在不同代码库（Web 代码和领域代码）上工作。而且，多个 Web 应用程序可以共享同样的领域对象。

本书示例代码包含的项目中，一个打包成了 WAR 文件，另一个打包成了 EAR 文件。下面比较一下二者的文件结构。

WAR 文件结构

```
├── META-INF
│   └── MANIFEST.MF
└── WEB-INF
```

```
├── classes
│   └── com
│       └── letstalkdata
│           └── iscream
│               ├── controller
│               │   ├── OrderController.class
│               │   └── WelcomeController.class
│               └── domain
│                   ├── Flavor.class
│                   ├── Order.class
│                   └── Topping.class
├── dispatcher-servlet.xml
├── lib
│   ├── commons-logging-1.2.jar
│   ├── jstl-1.2.jar
│   ├── spring-aop-4.3.9.RELEASE.jar
│   ├── spring-beans-4.3.9.RELEASE.jar
│   ├── spring-context-4.3.9.RELEASE.jar
│   ├── spring-core-4.3.9.RELEASE.jar
│   ├── spring-expression-4.3.9.RELEASE.jar
│   ├── spring-web-4.3.9.RELEASE.jar
│   └── spring-webmvc-4.3.9.RELEASE.jar
├── views
│   └── jsp
│       ├── new-order.jsp
│       ├── order-success.jsp
│       └── welcome.jsp
└── web.xml
```

EAR 文件结构

```
├── META-INF
│   ├── MANIFEST.MF
│   └── application.xml
├── iscream-ejb.jar
│   ├── META-INF
│   │   └── MANIFEST.MF
│   └── com
│       └── letstalkdata
│           └── iscream
│               └── domain
│                   ├── Flavor.class
│                   ├── Order.class
```

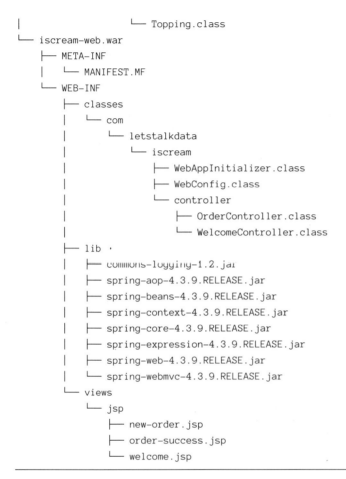

如你所见，WAR 文件包含应用程序所需的一切：控制器、视图、领域对象等。EAR 文件包含一个 WAR 文件，里面不含任何领域对象，领域对象被移至 iscream-ejb.jar 中了。EAR 还包含一个 application.xml 文件，用于对部署容器提供相关说明。你也可以手动创建这个文件，但是最好使用构建工具创建它。

7.2 部署

最常用的应用程序服务器有 Tomcat 和 JBoss/WildFly。它们都能部署 WAR 文件，但是 Tomcat 不能部署 EAR 文件。当然还有其他选择，包括 Glassfish、Jetty、JOnAS、Resin 等，但是它们不太常用。

下面是把应用程序部署（和取消部署）到应用程序服务器的几种常用方法，但并非所有工具都支持它们。

(1) **文档拖放**：如果应用程序服务器在运行时监视某个文件夹，我们就可以把任意 Java 归档文件拖入这个文件夹中，这样 Java 归档文件就自动部署完成了。这在开发过程中特别有用，你可能只想把开发项目快速部署到开发服务器中。

(2) **GUI**：通常你可以在根上下文（比如 http://my-server:8080/）下访问应用程序服务器的 Web 接口。你可以从这里看到哪些应用程序在运行，以及部署一个新应用程序。

(3) **控制台**：如果应用程序服务器含有命令行组件，你可以运行 CLI，并在其中管理应用程序。

(4) **API**：如果你有一个构建和测试应用程序的持续集成服务器，那么使用 API 来部署构件会特别有用。一旦构建成功，你就可以选择自动部署代码。

在实践中，你可以在自己的计算机上安装一个或多个应用程序服务器，并构建示例项目来创建构件。或者，你也可以使用 Docker 以避免把任何东西直接安装到自己的计算机上。本书附录 A 会详细讲解 Docker 相关内容。简单地说，Docker 是一个实用工具，允许你在自己的计算机上轻松创建和销毁被隔离的"容器"。方便起见，示例项目中提供了 `docker-build.sh` 和 `docker-run.sh` 脚本。这两个脚本都采用了"文件拖放"的方法把构件放入特定文件夹中，应用程序服务器启动时会检查这个文件夹。对于 Tomcat，这个文件夹是$TOMCAT_INSTALL_DIR/webapps，对于 WildFly 则是$WILDFLY_-INSTALL_DIR/standalone/deployments。这两种应用程序服务器（标准端口）下使用的不同方法如下所示。

文件夹监视

- **Tomcat**：`$INSTALL_DIR/webapps`
- **WildFly**：`$INSTALL_DIR/standalone/deployments`

GUI

- **Tomcat**
    (1) 访问 http://server:8080/manager。
    (2) 点击"选择文件"按钮，选择你的.war。
    (3) 点击"上传"。
- **WildFly**
    (1) 访问 http://server:9990/console。
    (2) 点击"部署"下的"开始"按钮。
    (3) 根据操作指引一步步操作。

控制台

- **Tomcat**：不适用
- **WildFly**
    (1) 运行$INSTALL_DIR/bin/jboss-cli.sh -c。

(2) 运行命令 `deploy path/to/war/iscream-ejb.war`。

API

- **Tomcat**：向 http://server:8080/manager/text/deploy?path=/iscream 发送一个 `HTTP PUT`。
- **WildFly**：

    (1) 使用 HTTP POST 向 http://server:9990/management/add-content 发送文件。

    (2) 记下响应中的 `BYTES_VALUE`。

    (3) 把下面这个 JSON 发至 http://localhost:9990/management。

```
{
  "content":[{"hash":{"BYTES_VALUE":"YOUR VALUE HERE"}}],
  "address":[{"deployment":"iscream-ejb.ear"}],
  "operation":"add",
  "enabled":"true"
}
```

嵌入式服务器

运行 Web 应用程序的最后一个选择是把 Java 应用程序服务器包含在 Web 应用程序中。其中最常用的两个 Java 应用程序服务器是 Jetty 和 Tomcat，因为它们都有嵌入式版本。通过把应用程序服务器放入代码中，你可以把代码看作命令行应用，并使用 `java -jar` 命令运行它。实际上，这正是 Spring Boot 对其 Web 应用程序所做的事情（参考 6.3 节）。

7.3 参考资源

Apache Tomcat 8. The Apache Software Foundation, 2017-06-21.
http://tomcat.apache.org/tomcat-8.5-doc/index.html.

JoshLong. Deploying Spring Boot Applications, 2014-03-07.
https://spring.io/blog/2014/03/07/deploying-spring-boot-applications.

Luca Stancapiano. Mastering Java EE Development with WildFly: Packt, 2017.
http://shop.oreilly.com/product/9781787287174.do.

第 8 章 使用数据库

了解如何访问和修改存储在数据库中的数据，对 Java 开发者来说至关重要。虽然有转变成服务的趋势，但目前大多数应用程序仍然直接和数据库打交道！（当然，这些服务最终也必须与数据库打交道！）

可以想见，对于数据访问，Java 提供了大量选择。至于如何选择，取决于你是否想编写 SQL 语句。如果你的团队熟悉 SQL 语句，又用到了复杂的数据，或者需要底层 SQL 访问，那么数据框架中会封装有大量手写 SQL 代码。如果你的团队不怎么了解 SQL，或者用到的数据相当简单，你可以诉诸 ORM 解决方案，其中可能只有几个 SQL 片段，用于解决特别棘手的问题。显然，这两种方法各有优劣，你需要熟悉这两种数据访问方法。

8.1 Java 数据库连接

Java 数据库连接（Java Database Connectivity，JDBC）是 Java 标准库的一部分，主要负责处理对数据库的访问。虽然你可以使用纯 JDBC 代码来访问数据库，但几乎任何情况下，你都应该选用数据框架来访问数据库，这是因为数据框架很好地抽象和封装了底层细节，使用起来简单又方便。不过，你仍需要了解下面几个对象，它们都在 `java.sql` 包之中。

- `DriverManager`：实用工具类，认识所有可用的数据库驱动程序。
- `Connection`：代表与数据库的连接，包含 URL、用户名、密码等信息。我们可以使用 `DriverManager` 来创建它们。
- `PreparedStatement` 和 `CallableStatement`：把真实的 SQL 语句发送给数据库服务器。SQL 语句是从 `Connection` 创建的。
- `ResultSet`：数据返回方式。`ResultSet` 是可迭代的，每个对象都代表一行。我们可以使用 `getFoo(index)` 或 `getFoo(name)` 方法访问数据，其中 `Foo` 是数据类型，比如 `String`、`Blob`、`Int` 等，`index` 是 1-列号，`name` 指列名。`ResultSet` 由 SQL 语句返回。
- `Date`、`Time`、`Timestamp`：时间数据的 SQL 表示形式。

这里不会讲太多细节，下面举例说明如何使用原始的 JDBC 从一个数据表中选取所有行并将信息打印到控制台。

```java
//JDBC URL 告知 Java 去何处找数据库
String url = "jdbc:h2:mem:iscream;" +
             "DB_CLOSE_DELAY=-1;DB_CLOSE_ON_EXIT=FALSE";
//获取数据库连接
try(Connection conn = DriverManager.getConnection(url, "sa", null)) {
    String sql = "select id, ingredient, unit_price from ingredient " +
                 "where ingredient_type = 'ICE_CREAM'";
    //从数据库连接创建 SQL 语句
    try(PreparedStatement ps = conn.prepareStatement(sql)) {
        ResultSet rs = ps.executeQuery();
        //在结果集上迭代
        while(rs.next()) {
            //从每一行提取值
            Integer id = rs.getInt("id");
            String name = rs.getString("ingredient");
            Double price = rs.getDouble("unit_price");

            String msg = String.format("ID: %d, Name: %s, Price: %.2f",
                    id, name, price);

            System.out.println(msg);
        }
    }
}
```

当然，还有方法可以更好地访问数据库。

8.2 Spring JDBC 模板

对于数据库使用，Spring 提供了几种选择，这并不奇怪。JdbcTemplate 类是最基本的 Spring JDBC 模板，它无须使用纯 JDBC 也能执行 SQL 语句。JdbcTemplate 受 Datasource 支持，并且是线程安全的，这意味着你可以在整个应用程序中使用同一个实例。通常最好创建一个 Datasource bean，这样你就可以使用@Autowired 来自动创建 JdbcTemplate 了。通常一个 Datasource 至少有一个 URL 和一个驱动类名，根据你所用的数据库服务器和驱动程序而有所不同。示例采用了一个内存数据库——H2，其好处是示例代码能够立即运行。而在实际应用程序中，你通常需要连接运行有 MySql、PostgreSQL、SQL Server 等数据库的服务器。而且，在实际生产环境中，配置连接池非常重要，但本书不涉及这些内容，如果你感兴趣，可访问 HikariCP Wiki[①]。

[①] https://github.com/brettwooldridge/HikariCP/wiki

8.2 Spring JDBC 模板

这到底是什么？

Spring JDBC 模板是一个轻量级 JDBC API 封装器，它抽象了大量 JDBC 样板代码，非常适于和 Spring 依赖注入技术搭配使用。

更多内容：H2

H2 是采用纯 Java 编写的，并且运行速度优先的标准数据库服务器，它体积小巧（约 1.5MB），这使其成为进行本地测试的一个很好的选择。实际上，内存版的 H2 数据库运转速度飞快，使需要和数据库打交道的单元测试得以实现。在构建应用程序原型时，使用内存版的 H2 数据库可以快速更改数据库模式，并且 H2 带有 Web 控制台，可以在程序运行时检查数据。启用 Web 控制台之后，在程序运行期间，你可以输入 localhost:port/h2-console 来访问它。

8.2.1 IScream 新数据模型

要让应用程序真正成为数据驱动式的，我们需要对模型做些修改。其中，最主要的是把冰激凌订单组件看作完整的对象。本章要使用的数据库模式如下图所示。

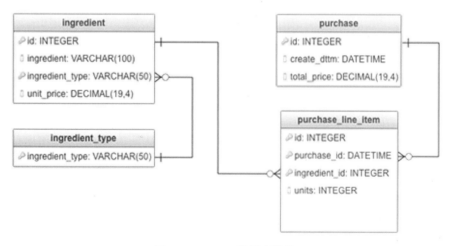

图 8-1　IScream 数据库结构

相应地，还要对 Java 类做一些改动。

Ingredient.java

```
1  package com.letstalkdata.iscream.domain;
2
3  import java.math.BigDecimal;
4
```

```java
 5  public abstract class Ingredient {
 6      private Integer id;
 7      private String name;
 8      private BigDecimal unitPrice;
 9
10      public Ingredient(Integer id, String name, BigDecimal unitPrice) {
11          this.id = id;
12          this.name = name;
13          this.unitPrice = unitPrice;
14      }
15
16      public Integer getId() {
17          return id;
18      }
19
20      public String getName() {
21          return name;
22      }
23
24      public BigDecimal getUnitPrice() {
25          return unitPrice;
26      }
27  }
```

Flavor.java

```java
 1  package com.letstalkdata.iscream.domain;
 2
 3  import java.math.BigDecimal;
 4
 5  public class Flavor extends Ingredient {
 6
 7      public Flavor(Integer id, String name, BigDecimal unitPrice) {
 8          super(id, name, unitPrice);
 9      }
10  }
```

Topping.java

```java
 1  package com.letstalkdata.iscream.domain;
 2
 3  import java.math.BigDecimal;
 4
 5  public class Topping extends Ingredient {
```

```
 6
 7      public Topping(Integer id, String name, BigDecimal unitPrice) {
 8          super(id, name, unitPrice);
 9      }
10  }
```

Order.java

```
 1  package com.letstalkdata.iscream.domain;
 2
 3  import java.math.BigDecimal;
 4  import java.util.ArrayList;
 5  import java.util.Arrays;
 6  import java.util.List;
 7
 8  public class Order {
 9      private Flavor flavor;
10      private int scoops;
11      private List<Topping> toppings = new ArrayList<>();
12      private BigDecimal totalPrice;
13
14      public Order() {
15      }
16
17      public Order(Flavor flavor, int scoops, Topping... toppings) {
18          this.flavor = flavor;
19          this.scoops = scoops;
20          this.toppings = Arrays.asList(toppings);
21          this.totalPrice = calculatePrice();
22      }
23
24      private BigDecimal calculatePrice() {
25          BigDecimal iceCreamCost = flavor.getUnitPrice()
26                  .multiply(BigDecimal.valueOf(scoops));
27          BigDecimal toppingCost = toppings.stream()
28                  .map(Topping::getUnitPrice)
29                  .reduce(BigDecimal.ZERO, BigDecimal::add);
30          return iceCreamCost.add(toppingCost);
31      }
32
33      public Flavor getFlavor() {
34          return flavor;
35      }
36
```

```java
37    public void setFlavor(Flavor flavor) {
38        this.flavor = flavor;
39    }
40
41    public int getScoops() {
42        return scoops;
43    }
44
45    public void setScoops(int scoops) {
46        this.scoops = scoops;
47    }
48
49    public List<Topping> getToppings() {
50        return toppings;
51    }
52
53    public void setToppings(List<Topping> toppings) {
54        this.toppings = toppings;
55    }
56
57    public BigDecimal getTotalPrice() {
58        if(totalPrice == null){
59            totalPrice = calculatePrice();
60        }
61        return totalPrice;
62    }
63 }
```

8.2.2 查询数据

JdbcTemplate 类提供了许多查询数据的方法，具体选择取决于你想从数据库获取的数据类型。首先，你必须确定是想获取一个还是多个"东西"。然后，你需要确定如何返回数据：Java 内置对象（比如 String）、自定义对象、Map 还是 SqlRowSet。这里使用自定义对象，意味着我们还得实现 RowMapper。这听上去很复杂，但其实与前面 JDBC 中循环部分很类似。

IngredientService.java

```java
23    private RowMapper<Flavor> flavorRowMapper = (rs, rowNum) -> {
24        Integer id = rs.getInt("id");
25        String name = rs.getString("ingredient");
26        BigDecimal unitPrice = rs.getBigDecimal("unit_price");
27        return new Flavor(id, name, unitPrice);
28    };
```

把这个 flavorRowMapper 和一些 SQL 语句结合起来，就可以从数据库获得以 Flavor 对象形式表示的餐点了。

IngredientService.java

```
30      public List<Flavor> getFlavors() {
31          String sql = "select id, ingredient, unit_price from ingredient " +
32                  "where ingredient_type = 'ICE_CREAM'";
33          return jdbcTemplate.query(sql, flavorRowMapper);
34      }
```

使用 Spring JDBC 的好处在于，我们不必为获取数据库连接、语句等发愁，而只需关注应用程序特有的"东西"，比如领域对象和 SQL 语句。

如果想使用参数化的 SQL，也很简单，只需把参数传递给相应方法就行了。通过 ID 获取对象的代码如下所示。

IngredientService.java

```
36      private static final String INGREDIENT_BY_ID =
37              "select id, ingredient, unit_price from ingredient where id = ?";
38  
39      public Flavor getFlavorById(int id) {
40          return jdbcTemplate.queryForObject(INGREDIENT_BY_ID,
41                  flavorRowMapper, id);
42      }
```

8.2.3　写数据

大多数时候，使用 JdbcTemplate 写数据和读数据一样简单。比如，我们可以创建一个订单，如下所示。

```
final String sql = "insert into purchase(total_price) values (?)";
jdbcTemplate.update(sql, BigDecimal.valueOf(4.25d));
```

（令人困惑的是，SQL 更新语句和 SQL 插入语句都使用了 update 方法。）

但请注意，在我们的数据模型中，每个订单都包含行项。而且，这些行项必须使用外键进行恰当链接。为此，我们需要为每笔交易加上 ID，并以此创建行项。这可以通过 Spring 的 KeyHolder 来实现。

OrderService.java

```java
33      private final static String CREATE_ORDER =
34              "insert into purchase(total_price) values (?)";
35
36      private int saveOrder(Order order) {
37          KeyHolder keyHolder = new GeneratedKeyHolder();
38
39          PreparedStatementCreator psc = con -> {
40              PreparedStatement ps = con.prepareStatement(CREATE_ORDER,
41                      PreparedStatement.RETURN_GENERATED_KEYS);
42              ps.setBigDecimal(1, order.getTotalPrice());
43              return ps;
44          };
45
46          jdbcTemplate.update(psc, keyHolder);
47
48          return keyHolder.getKey().intValue();
49      }
```

通常上面的代码能够正常运行，但是如果保存过程中发生错误怎么办？我们不希望数据库中包含损坏的或不完整的数据。我们可以使用数据库事务来解决这个问题。你可以使用带有纯 JDBC 的事务，但是 Spring 提供了一种更简单的方法，那就是 @Transactional 注解，你可以对事务上下文中的方法添加该注解。

下面是一个完整的订单服务，用于创建订单和行项。

OrderService.java

```java
1   package com.letstalkdata.iscream.service;
2
3   import com.letstalkdata.iscream.domain.Ingredient;
4   import com.letstalkdata.iscream.domain.Order;
5   import org.springframework.beans.factory.annotation.Autowired;
6   import org.springframework.jdbc.core.JdbcTemplate;
7   import org.springframework.jdbc.core.PreparedStatementCreator;
8   import org.springframework.jdbc.support.GeneratedKeyHolder;
9   import org.springframework.jdbc.support.KeyHolder;
10  import org.springframework.stereotype.Service;
11  import org.springframework.transaction.annotation.Transactional;
12
13  import java.sql.PreparedStatement;
14
15  @Service
16  public class OrderService {
```

```java
17
18      private JdbcTemplate jdbcTemplate;
19
20      @Autowired
21      public OrderService(JdbcTemplate jdbcTemplate) {
22          this.jdbcTemplate = jdbcTemplate;
23      }
24
25      @Transactional
26      public void save(Order order) {
27          int orderId = saveOrder(order);
28          saveLineItem(orderId, order.getFlavor(), order.getScoops());
29          order.getToppings()
30                  .forEach(topping -> saveLineItem(orderId, topping, 1));
31      }
32
33      private final static String CREATE_ORDER =
34              "insert into purchase(total_price) values (?)";
35
36      private int saveOrder(Order order) {
37          KeyHolder keyHolder = new GeneratedKeyHolder();
38
39          PreparedStatementCreator psc = con -> {
40              PreparedStatement ps = con.prepareStatement(CREATE_ORDER,
41                      PreparedStatement.RETURN_GENERATED_KEYS);
42              ps.setBigDecimal(1, order.getTotalPrice());
43              return ps;
44          };
45
46          jdbcTemplate.update(psc, keyHolder);
47
48          return keyHolder.getKey().intValue();
49      }
50
51      private final static String CREATE_ORDER_LINE_ITEM =
52              "insert into purchase_line_item" +
53                      "(purchase_id, ingredient_id, units) values(?, ?, ?)";
54
55      private void saveLineItem(int orderId, Ingredient ingredient, int units) {
56          jdbcTemplate.update(CREATE_ORDER_LINE_ITEM,
57                  orderId, ingredient.getId(), units);
58      }
59
60  }
```

本书示例代码包含 IScream Web 应用程序的一个修改版本，提供了订单服务的完整代码。

8.3 MyBatis

与 Spring JDBC 类似，MyBatis 也依赖于编写 SQL。不过，它们之间有个重要的区别，那就是 MyBatis 使用反射把领域对象和数据库操作更加紧密地耦合在一起。

落后警告：iBATIS

MyBatis 的前身是一个名为"iBATIS"的老项目，2010 年正式更名为 MyBatis。尽管 iBATIS 和 MyBatis 的核心理念相同，但是它并不具备某些 MyBatis 的特征。如果你正在使用 iBATIS 代码库，那么本节内容仍然会对你有帮助，因为有关映射器的核心概念是相对不变的。至于建议，还是那句话：模仿代码库中已有的工作模式。

在 MyBatis 中，在执行任何操作之前，你需要先引用 SqlSession。而要创建 SqlSession，则需要用到 SqlSessionFactory，它可以通过 SqlSessionFactoryBuilder 创建。大部分 MyBatis 项目的资源目录下存在一个 mybatis-config.xml 文件。该配置文件包含获取数据库连接的信息，可以传递给 SqlSessionFactoryBuilder 来创建 SqlSessionFactory。我们应该为每个操作创建一个新的 SqlSession，因为它不是线程安全的。

你也可以使用 Spring 来完成这些事。如果你的应用程序中有 DataSource bean，Spring 可以把 SqlSession 注入到任何需要的地方。Spring 创建的 SqlSession 也是线程安全的，并且无须额外配置就可以在事务中使用。

这到底是什么？

MyBatis 是一个使用反射技术把 SQL 自动映射到服务和领域对象的工具。

8.3.1 查询数据

MyBatis 操作的主要对象是"映射器"。"映射器"的作用是在 SQL 和 Java 对象之间进行转换。映射器是由 SQL 支持的 Java 类，它可以存储在 XML 文件中或类自身中。存储在 XML 中如下所示。

my-mapper.xml

```
1  <?xml version="1.0" encoding="UTF-8" ?>
2  <!DOCTYPE mapper
3         PUBLIC "-//mybatis.org//DTD Mapper 3.0//EN"
4         "http://mybatis.org/dtd/mybatis-3-mapper.dtd">
5  <mapper namespace="com.example.service.MyMapper">
6      <select id="getEmployeeName" result="string">
7          select name
```

```
 8          from Employee
 9          where id=#{id}
10      </select>
11  </mapper>
```

MyMapper.java

```
1  @Mapper
2  public interface MyMapper {
3      String getEmployeeName(@Param("id") int id);
4  }
```

或者仅用 Java。

MyMapper.java

```
1  @Mapper
2  public interface MyMapper {
3      @Select("select name from Employee where id = #{id}")
4      String getEmployeeName(@Param("id") int id);
5  }
```

相比于 XML，我更喜欢注解，但 MyBatis 是个例外。XML 映射器提供了更大的灵活性和更多选择。并且，读取映射器文件中的 SQL，并将其复制到 SQL 编辑器中直接查询数据库很容易，这点非常有用。

MyBatis 的真正便利之处在于，即使映射器只是接口，你也不必手动实现它们！MyBatis 会为我们创建默认实现并启用它们。当然，如果你需要提供自定义行为，也可以自己实现它们。

Java 疣：数据库对象过度分层

在某些应用程序中，把服务层和数据访问层分离是有意义的。比如，可能有一个数据访问层只负责核心 CRUD（创建、读取、更新、删除）操作，还有一个服务层负责把操作抽象成业务概念。不过，有一种极端情况，每层都有一个接口和一个实现。这并非不可能：`MyServiceImpl` 实现了 `MyService`，并包含了一个对 `MyDao` 的引用，而 `MyDao` 本身就是在 `MyDaoImpl` 中实现的！MyBatis 把这些都简化成对象，这种做法很好，当然如果你确实需要灵活性，也可以不这样做。

前面提过，MyBatis 可以更好地使用 Java 对象而非 JDBC。这意味着你可以把自定义领域对象作为参数传递到查询中，并接收自定义领域对象作为结果。下面这个映射器展示了 IScream 应用程序把 flavors 和 toppings 作为实际对象返回的方式，这并不需要手动映射。

ingredient-mapper.xml

```xml
1  <?xml version="1.0" encoding="UTF-8" ?>
2  <!DOCTYPE mapper
3         PUBLIC "-//mybatis.org//DTD Mapper 3.0//EN"
4         "http://mybatis.org/dtd/mybatis-3-mapper.dtd">
5  <mapper namespace="com.letstalkdata.iscream.service.IngredientService">
6      <select id="getFlavors"
7              resultType="com.letstalkdata.iscream.domain.Flavor">
8          select id, ingredient as name, unit_price as unitPrice
9          from ingredient
10         where ingredient_type = 'ICE_CREAM'
11     </select>
12     <select id="getFlavorById"
13             resultType="com.letstalkdata.iscream.domain.Flavor">
14         select id, ingredient as name, unit_price as unitPrice
15         from ingredient
16         where id = #{id}
17     </select>
18     <select id="getToppings"
19             resultType="com.letstalkdata.iscream.domain.Topping">
20         select id, ingredient as name, unit_price as unitPrice
21         from ingredient
22         where ingredient_type = 'TOPPING'
23     </select>
24     <select id="getToppingById"
25             resultType="com.letstalkdata.iscream.domain.Topping">
26         select id, ingredient as name, unit_price as unitPrice
27         from ingredient
28         where id = #{id}
29     </select>
30 </mapper>
```

通过把查询中的列和 Ingredient 类属性相匹配，MyBatis 可以使用反射来自动创建正确的对象并调用正确的 setter 方法。（你还可以使用自定义的构造函数代替 setter 方法，但这需要在映射器文件中进行一些额外配置。）映射器 XML 文件自然就和 Java 代码中的 Mapper 服务对象对应起来了。同样，这不需要实现。

IngredientService.java

```java
1  package com.letstalkdata.iscream.service;
2
3  import com.letstalkdata.iscream.domain.Flavor;
4  import com.letstalkdata.iscream.domain.Topping;
5  import org.apache.ibatis.annotations.Mapper;
6  import org.apache.ibatis.annotations.Param;
```

```
 7
 8  import java.util.List;
 9
10  @Mapper
11  public interface IngredientService {
12      List<Flavor> getFlavors();
13
14      Flavor getFlavorById(@Param("id") int id);
15
16      List<Topping> getToppings();
17
18      Topping getToppingById(@Param("id") int id);
19  }
```

8.3.2 写数据

Java 数据类型和对象不仅可以从 MyBatis 查询中返回，还可以传递到 MyBatis 查询中。这使得保存、更新或删除领域对象相对容易。

再次使用映射器文件，创建如下插入语句来保存订单。

purchase-mapper.xml

```
 1  <?xml version="1.0" encoding="UTF-8" ?>
 2  <!DOCTYPE mapper
 3      PUBLIC "-//mybatis.org//DTD Mapper 3.0//EN"
 4      "http://mybatis.org/dtd/mybatis-3-mapper.dtd">
 5  <mapper namespace="com.letstalkdata.iscream.service.OrderService">
 6      <insert id="createPurchase"
 7              useGeneratedKeys="true"
 8              keyColumn="id"
 9              keyProperty="id"
10              parameterType="com.letstalkdata.iscream.domain.Order">
11          insert into purchase (total_price)
12          values(#{totalPrice})
13      </insert>
14      <insert id="createPurchaseLineItem" parameterType="map">
15          insert into purchase_line_item(purchase_id, ingredient_id, units)
16          values(#{purchaseId}, #{ingredientId}, #{units})
17      </insert>
18  </mapper>
```

上面的代码中又用到了 `#{property}` 语法，它将在 POJO 上找到匹配的 getter 方法，或者在 `Map` 中用作键。请注意，保留交易的 ID 很重要，我们可以在插入成功后使用 `keyColumn` 和 `keyProperty` 属性设置 POJO 上的 ID。

因为创建订单的过程稍复杂,所以这里选择为交易映射器提供一个实现,这就需要访问 SqlSession。虽然这里选用了 Spring,但请记住,你完全可以使用 SqlSessionFactory 手动创建 SqlSession。

OrderService.java

```java
package com.letstalkdata.iscream.service;

import com.letstalkdata.iscream.domain.Ingredient;
import com.letstalkdata.iscream.domain.Order;
import org.apache.ibatis.annotations.Mapper;
import org.apache.ibatis.session.SqlSession;
import org.springframework.beans.factory.annotation.Autowired;
import org.springframework.stereotype.Service;
import org.springframework.transaction.annotation.Transactional;

import java.util.HashMap;
import java.util.Map;

@Mapper
@Service
public class OrderService {

    private SqlSession sqlSession;

    @Autowired
    public OrderService(SqlSession sqlSession) {
        this.sqlSession = sqlSession;
    }

    @Transactional
    public void save(Order order) {
        saveOrder(order);
        saveLineItem(order.getId(), order.getFlavor(), order.getScoops());
        order.getToppings()
                .forEach(topping -> saveLineItem(order.getId(), topping, 1));
    }

    private void saveOrder(Order order) {
        sqlSession.update("createPurchase", order);
    }

    private void saveLineItem(int orderId, Ingredient ingredient, int units) {
        Map<String, Object> params = new HashMap<>();
        params.put("purchaseId", orderId);
```

```
40            params.put("ingredientId", ingredient.getId());
41            params.put("units", units);
42            sqlSession.insert("createPurchaseLineItem", params);
43        }
44
45   }
```

请注意，上面的代码使用了 Spring 的@Transactional。如果 Spring 创建了 SqlSession，那么它可以自动用于事务中。如果你不使用 Spring，可以关闭自动提交，使用 SqlSession.commit() 在事务中执行操作。

8.3.3 动态 SQL

MyBatis 的另外一个重要特性是它支持动态 SQL。一个常见的业务需求是用户从一个列表中选择一个或多个项目，并且获取这些项目的相关数据。为了访问 SQL 数据库，你需要编写一个 `where x in ...` 查询。有的开发者尝试使用字符串连接来实现这一点，结果使代码变得糟糕。但是，这样的代码往往包含 SQL 注入漏洞，这通常是由没有正确处理尾随逗号或者未处理字符串等问题引起的。使用 MyBatis 则简单多了。

```xml
<select id="getOrdersById" resultType="com.letstalkdata.iscream.domain.Order">
  select * from purchase
  where id in
  <foreach item="id" index="index" collection="orderIds"
      open="(" separator="," close=")">
        #{id}
  </foreach>
</select>
```

另一个类似的危险行为是查询时使用可选搜索参数。而使用 MyBatis 则简单多了。

```xml
<select id="findIngredientsSearch"
     resultType="com.letstalkdata.iscream.domain.Ingredient">
  select * from ingredient
  <where>
    <if test="name != null">
      ingredient = #{name}
    </if>
    <if test="type != null">
      and ingredient_type = #{type}
    </if>
  </where>
</select>
```

关于 MyBatis 动态 SQL 的更多内容，可参考官方文档。

8.4 Hibernate

前面介绍了 MyBatis 将 POJO 领域对象绑定到 SQL 语句的方法,但是人工编写这些相对基本的 SQL 仍然有些费事。此外,处理对象之间的关系也很麻烦。对象关系映射器(ORM)试图通过抽象开发者使用的所有 SQL 来解决这些问题。理论上,只要有足够的对象信息,可以通过编程生成任何 SQL。

Hibernate 是 Java 最早的 ORM 工具之一。几年后,JPA(Java Persistence API,Java 持久化标准)才确定下来。JPA 没有提供任何实现,而提供了一套供第三方工具使用的公共 API。慢慢地,Hibernate 成为了开发者们最常用的第三方实现。尽管如此,你仍然可以在**不使用** JPA 的情况下使用 Hibernate。本章示例代码包含两个 Hibernate 项目:一个采用了更时兴的方式——PA 注解,另一个使用了 XML 这种老旧的配置风格。对于更复杂的情况,你可以使用 JPA 接口或 Hibernate 本地类与数据库进行交互。方便起见,注解代码示例使用了 JPA 接口,而 XML 代码示例使用了 Hibernate 本地对象,但它们是可以混用的。你应该很熟悉这些内容,因为它们目前仍在流行。

8.4.1 领域 POJO 调整

使用 ORM 时,领域对象和数据库越匹配,需要做的工作就越少。虽然它处理抽象类完全没问题(比如包含 Flavor 和 Topping 类的 ingredient 表),但这里不讲述相关细节,以免混淆你对 JPA 的理解。下面我们修改领域对象以匹配数据表。

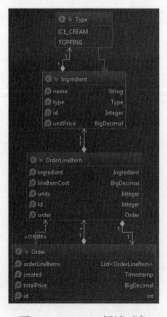

图 8-2　IScream 领域对象

8.4.2　JPA 注解

JPA 提供了一套标记领域类的注解，用于描述这些类映射到底层数据库的方式。通常，类的注解是@Entity 和@Table(name = "myDatabaseTableName")，而属性的注解是@Column(name = "myColumnName")。当然，我们也可以向特定列添加注解，比如 ID 列和外键列。重要的是，外键并不表示为整数，而表示为对象本身。例如，OrderLineItem 类没有 purchase_id 属性，它有一个 Order 属性。

OrderLineItem 类的属性的完整注解如下所示。

OrderLineItem.java

```
10      @Id
11      @Column
12      @GeneratedValue(strategy = GenerationType.IDENTITY)
13      private Integer id;
14
15      @ManyToOne(fetch = FetchType.LAZY)
16      @JoinColumn(name = "purchase_id")
17      private Order order;
18
19      @ManyToOne(fetch = FetchType.LAZY)
20      @JoinColumn(name = "ingredient_id")
21      private Ingredient ingredient;
22
23      @Column(name = "units")
24      private Integer units;
```

上面的代码中，我们关注两个外键属性，首先@JoinColumn 注解表示相关属性用于 SQL 连接，@ManyToOne 表示多对一关系，因为每个 Order 都有多个 OrderLineItems。fetch = FetchType.Lazy 指示 Hibernate（准确地说，所使用的任何 JPA Provider）不加载真实的 Order 对象，除非有明确请求。FetchType.Eager 与 FetchType.Lazy 相反，它表示只要 OrderLineItem 从数据库返回就加载 Order。

下面在订单和其行项之间创建一个双向关系，当然并非必须这么做。对 Order 属性的注解如下所示。

Order.java

```
14      @Id
15      @Column
16      @GeneratedValue(strategy = GenerationType.IDENTITY)
17      private int id;
```

```
18
19      @OneToMany(mappedBy = "order", cascade = CascadeType.ALL)
20      private List<OrderLineItem> orderLineItems;
21
22      @Column(name = "create_dttm")
23      private Timestamp created = Timestamp.valueOf(LocalDateTime.now());
24
25      @Column(name = "total_price")
26      private BigDecimal totalPrice;
```

上面的代码中出现了新注解@OneToMany，它表示一对多的关系，即一个 Order 对应多个 OrderLineItems。mappedBy 属性告诉 Hibernate 返回 OrderLineItems 时应该使用 order 查找 setter 方法，比如返回 OrderLineItems 时为 setOrder，而 cascade 属性用于描述当父对象发生操作时子对象的行为。CascadeType.ALL 表示针对一个 Order 的更新、插入、删除操作也会级联到其子对象 OrderLineItems。

JPA 中有很多描述数据库中各种关系的注解。更多内容，可参见 JPA JavaDoc[①]。

> **更多内容：JPA 实现**
>
> 虽然 Hibernate 是目前最流行的 JPA 实现，但并不是唯一一个。其他主要的实现还有 EclipseLink 和 OpenJPA。所有这些实现都有自己的注解，提供了 JPA 所不具备的一些高级特性。虽然通常首选 Hibernate，但如果你需要用到某个特性，也可以选用其他 JPA 实现。

在使用 JPA 时，我们通常使用 persistence.xml 文件或者通过 Java 编程的方式配置 Hibernate。请注意，这两种方法并非某个 JPA Provider 专有，即你可以在其他 JPA Provider 中使用它们。更多细节，请阅读官方文档的"Bootstrapping"部分。最后，如果你使用的是 Spring Boot，大部分时候配置都是由 application.yml / application.properties 中的几个值自动设定的。

8.4.3 XML 映射

在 Hibernate 中，有一种映射对象的老办法，那就是使用 XML。应用程序中每个实体类都有一个 MyClassName.hbm.xml 文件，并且这个文件要在类路径上。每个文件都列出了相应类的属性（比如<property ...>）及其关系（比如<one-to-many ...>）。下面两个 XML 分别是 Order 和 OrderLineItem 的映射。如果把它们和 JPA 注解类进行比较，就会发现它们使用的术语和结构是类似的，当然一些用词是不一样的。

---

① http://docs.oracle.com/javaee/7/api/javax/persistence/package-summary.html

Order.hbm.xml

```xml
 1  <?xml version="1.0" encoding="utf-8"?>
 2  <!DOCTYPE hibernate-mapping PUBLIC
 3          "-//Hibernate/Hibernate Mapping DTD//EN"
 4          "http://www.hibernate.org/dtd/hibernate-mapping-3.0.dtd">
 5
 6  <hibernate-mapping>
 7      <class name="com.letstalkdata.iscream.domain.Order" table="purchase">
 8          <id name="id" type="int" column="id">
 9              <generator class="identity"/>
10          </id>
11          <property name="created" column="create_dttm" type="timestamp"/>
12          <property name="totalPrice" column="total_price" type="big_decimal"/>
13          <bag name="orderLineItems"
14              table="purchase_line_item"
15              cascade="all"
16              inverse="true">
17              <key column="purchase_id" not-null="true" />
18              <one-to-many class="com.letstalkdata.iscream.domain.OrderLineItem"/>
19          </bag>
20      </class>
21  </hibernate-mapping>
```

OrderLineItem.hbm.xml

```xml
 1  <?xml version="1.0" encoding="utf-8"?>
 2  <!DOCTYPE hibernate-mapping PUBLIC
 3          "-//Hibernate/Hibernate Mapping DTD//EN"
 4          "http://www.hibernate.org/dtd/hibernate-mapping-3.0.dtd">
 5
 6  <hibernate-mapping>
 7      <class name="com.letstalkdata.iscream.domain.OrderLineItem"
 8              table="purchase_line_item">
 9          <id name="id" type="int" column="id">
10              <generator class="identity"/>
11          </id>
12          <many-to-one name="order"
13                      class="com.letstalkdata.iscream.domain.Order"
14                      lazy="proxy"
15                      fetch="join">
16              <column name="purchase_id" not-null="true" />
17          </many-to-one>
18          <many-to-one name="ingredient"
19                      class="com.letstalkdata.iscream.domain.Ingredient"
```

```
20                    lazy="proxy"
21                    fetch="join">
22            <column name="ingredient_id" not-null="true" />
23        </many-to-one>
24        <property name="units" column="units" type="int"/>
25    </class>
26 </hibernate-mapping>
```

使用映射时，你必须通过配置把它们注册到 Hibernate。大多数情况下，你都可以使用 Java 编程方式、hibernate.properties 文件或 hibernate.cfg.xml 文件配置 Hibernate。有关 Hibernate 配置的更多细节，可阅读官方文档的"Legacy Bootstrapping"部分。

8.4.4 写数据

1. JPA

可以想见，JPA 的 OrderService 和之前见到的有很大不同。JPA 中，EntityManager 对象承担着重要工作。与 MyBatis 类似，获取 EntityManager 的一个方法是通过 EntityManagerFactoryBuilder › EntityManagerFactory › EntityManager。EntityManager 有 persist、merge、remove 三种方法，**大致**对应"插入""更新""删除"[①]。

下面的代码很好地体现了 ORM 的强大之处，即无须编写 SQL，而只使用注解，JPA Provider 就能执行正确的插入操作，保存 Order 和 OrderLineItems。这意味着只用一行代码即可保存一个对象！

OrderService.java

```
20      @Transactional
21      public void save(Order order) {
22          entityManager.persist(order);
23      }
```

2. 原生 Hibernate

如果不用 JPA，那你可以使用 Hibernate 中的 SessionFactory 创建 Session。Hibernate 中，每个工作单元就是一个 Session。"工作单元"这个词有点含糊不清，通常一个工作单元比一次数据库访问稍大，可能包含几个紧密相关的操作。例如，Web 应用程序中一次用户请求就是一个工作单元。

[①] persit 方法和 merge 方法有点复杂，StackOverflow 上有个回答详细讲解了它们之间的不同。
（https://stackoverflow.com/questions/1069992/jpa-entitymanager-why-use-persist-over-merge）

除了 merge 方法、persist 方法之外，Hibernate 会话还包括 save、update、saveOrUpdate 等操作。然而这些方法有点复杂。关于这些方法的讨论，可前往 Baeldung 阅读 "Hibernate: save, persist, update, merge, saveOrUpdate"。

使用原生 Hibernate 保存对象的代码相对较短，但是要记得关闭 Session（自动关闭）。

OrderService.java

```
20      public void save(Order order) {
21          try(Session session = sessionFactory.openSession()) {
22              Transaction tx = session.beginTransaction();
23              session.persist(order);
24              tx.commit();
25          } //Session 自动关闭
26      }
```

8.4.5 读数据

使用 ORM 时，"保存对象"相对简单，因为对象有注解，但"获取对象"就不那么容易了。你要考虑使用什么样的过滤器，想获取一个还是多个对象，是否包含子对象等问题。为此，我们需要构建一个查询。

对此，Hibernate 提供了几种选择，比如使用 Criteria 对象、编写 HQL（Hibernate Query Language）、编写原生 SQL（通常尽量避免使用原生 SQL，因为与 ORM 框架的初衷相悖。但是在某些情况下是不可避免的）。下面比较三种方法。

Criteria

```
private List<Ingredient> getIngredients(Ingredient.Type type) {
    CriteriaBuilder cb = entityManager.getCriteriaBuilder();
    CriteriaQuery<Ingredient> criteriaQuery =
            cb.createQuery(Ingredient.class);
    Root ingredient = criteriaQuery.from(Ingredient.class);
    criteriaQuery.where(cb.equal(ingredient.get("type"), type));
    TypedQuery<Ingredient> query = entityManager.createQuery(criteriaQuery);
    return query.getResultList();
}
```

HQL

```
private List<Ingredient> getIngredients(Ingredient.Type type) {
    String hql = "select i from Ingredient i where type =:type";
    Query query = entityManager.createQuery(hql);
    query.setParameter("type", type);
```

```
    @SuppressWarnings("unchecked")
    List<Ingredient> ingredients =
            (List<Ingredient>) query.getResultList();
    return ingredients;
}
```

原生 SQL

```
private List<Ingredient> getIngredients(Ingredient.Type type) {
    String sql = "select * from ingredient where ingredient_type = ?";
    Query query = entityManager.createNativeQuery(sql, Ingredient.class);
    query.setParameter(1, type.name());
    @SuppressWarnings("unchecked")
    List<Ingredient> ingredients =
            (List<Ingredient>) query.getResultList();
    return ingredients;
}
```

如果你使用原生 Hibernate 代替 JPA，那要编写的代码大致一样，但有一点不同，那就是 Query 是 org.hibernate.Query，而非 javax.persistence.Query，它由 Session.createQuery() 创建。

对于上面三种方法，如何选择并非总是易事。前面讲过，应当尽量避免使用原生 SQL，因为会使得 Hibernate 无法进行检查，也许你会说："相信我，我知道自己在干什么，你只要执行 SQL 就好了！"不过，要使用原生 SQL 最好还是有合适的理由。如果查询很复杂，或者要获取的数据并未映射到 Entity，那最好选用原生 SQL。而 CriteriaBuilder 能够让你无须使用 SQL 便获取数据，并且完全是类型安全的，但缺点是相当烦琐，而且难以阅读。我使用 HQL 最多，它和 SQL 类似，又比 Criteria 易读，但代价是牺牲了一点类型安全。

8.5 小结

很多 Java 应用程序都要跟数据库打交道，而 Java 标准库只提供了最基本的数据库连接工具。虽然有些代码库仍然依赖于纯 JDBC，但现在有大量成熟的框架可使用，恰当地选择这些框架能简化应用程序与数据库的交互。

Spring JDBC 在 JDBC 基础上提供了一些更易用的功能，但是它仍然需要我们手动在领域对象和 SQL 之间进行转换。而在 MyBatis 中，大部分转换都是自动进行的，并且支持把 SQL 存储在代码外部。最后，Hibernate 试图抽象开发者用到的所有 SQL（或者说至少大部分）。现在大部分 Hibernate 项目都会使用 JPA 注解，但一些老项目可能仍在使用 XML 映射。

通常，人们讨论的最多的是哪种数据方案最好。而实际上，同一个问题往往有多种解决方法，并且有时这些方法效果相近。所以，了解不同的解决方法很重要，说不定哪天就会用到它们。

8.6 参考资源

Christian Bauer, Gavin King, Gary Gregory. Java Persistence with Hibernate. 2nd ed.: Manning, 2015. https://www.manning.com/books/java-persistence-with-hibernate-second-edition.

Oracle. Lesson: JDBC Basics, 2015. https://docs.oracle.com/javase/tutorial/jdbc/basics/.

Vlad Mihalcea. High-Performance Java Persistence: Leanpub, 2017. https://leanpub.com/high-performance-java-persistence.

Yogesh Prajapati, Vishal Ranapariya. Java Hibernate Cookbook: Packt, 2015. https://www.packtpub.com/application-development/java-hibernate-cookbook.

K. Siva Prasad Reddy. Java Persistence with MyBatis 3: Packt, 2013. https://www.packtpub.com/application-development/java-persistence-mybatis-3.

第 9 章 日 志

当初 Java 发布时，其标准库中并不包含任何日志专用 API。开发者只能使用 System.out.println 和 System.err.println 打印日志。有些人觉得这足够了，但是绝大数情况下对日志有更多控制都是好事。因此，Log4j 框架在 21 世纪初流行起来。几年后，Java 终于在标准库中添加了日志 API（JUL，java.util.logging），但是这套 API 有很多不足，因此很多人仍然使用 Log4j。这使得 JUL 开发者们处在一个困境之中，他们要兼顾 JUL 用户和 Log4j 用户。

这个问题的解决方案是使用日志门面（loggig facade），这促成了 Apache Commons Logging 和简单日志门面（SLF4J，simple logging facade）的产生。2006 年，另一个框架 Logback 也取得了一些进展。（顺便提一下，Log4j、SLF4J 和 Logback 的开发者都是 Ceki Gulcu。）这些努力让开发者可以在 Java 中轻松生成日志，值得称赞。它们为我们提供了不同选择和组合的可能，同时也带来了一些令人困惑和头疼的问题，让某些原本极其简单的事情变得复杂起来。

9.1 java.util.Logging

相较于第三方实现，使用标准库中的实现往往是更明智的选择，所以 JUL 就成了不二之选。为了配置日志记录器（logger），我们需要创建一个 logging.properties 文件，并且要把 JVM 属性 java.util.logging.config.file 设置成配置文件的路径。不同类型的日志处理器（handler），配置选项也不同。日志处理器是日志消息的一个常规目的地，比如 Filehandler、SocketHandler 等。每个处理器的配置选项都不同，你可以在相应的 JavaDoc（比如 FileHandler）中找到它们。下面的配置示例代码用于把日志数据发送到文件和标准输出。

logging.properties

```
1  ## VM 参数 java.util.logging.config.file 必须指向这个文件
2
3  .level = WARN
4  com.letstalkdata.level = FINE
5
6  handlers = java.util.logging.FileHandler,java.util.logging.ConsoleHandler
```

```
 7
 8  java.util.logging.SimpleFormatter.format = [%1$tc] %4$s: %2$s - %5$s %6$s%n
 9
10  java.util.logging.FileHandler.level     = WARNING
11  java.util.logging.FileHandler.append    = true
12  java.util.logging.FileHandler.pattern   = ISCream.%u.%g.log
13  java.util.logging.FileHandler.formatter = java.util.logging.SimpleFormatter
14
15  java.util.logging.ConsoleHandler.level     = FINE
16  java.util.logging.ConsoleHandler.formatter = java.util.logging.SimpleFormatter
```

上面的文件展示了为包和处理器设置不同级别的方法。从中可以看到，根级别设置为 WARN，而 com.letstalkdata 包设置为 FINE。这指定了所允许的日志级别。然后，我们配置各个处理器：FileHandler 的级别设置为 WARNING，表示它会把 Warning 及更高级别的日志发送到一个文件中；ConsoleHandler 级别设置为 FINE，表示它会把 Fine 及更高级别的日志发送到控制台（对于所允许的包）。这有点绕，建议你改动一下示例代码，看看结果如何。比如，如果你把根记录器（root logger）设置为 INFO，你应该会看到一些 Hibernate 日志语句。

接下来，我们为每个要生成日志消息的类创建 java.util.logging.Logger。为了让特定包的日志配置起作用，我们在命名 Logger 时应该使用完整的类名。

如下所示。

OrderService.java

```
 1  package com.letstalkdata.iscream.service;
 2
 3  import com.letstalkdata.iscream.domain.Order;
 4  import org.springframework.stereotype.Service;
 5
 6  import javax.persistence.EntityManager;
 7  import javax.persistence.PersistenceContext;
 8  import javax.transaction.Transactional;
 9  import java.util.logging.Logger;
10
11  @Service
12  public class OrderService {
13
14      private static final Logger log =
15              Logger.getLogger(OrderService.class.getPackage().getName());
16
17      @PersistenceContext
18      private EntityManager entityManager;
19
```

```
20      public OrderService(){}
21
22      @Transactional
23      public void save(Order order) {
24          log.fine("Trying to save order.");
25          entityManager.persist(order);
26      }
27
28  }
```

JDK 日志 API 有点复杂，其主要方法有两种：`Logger.level(String message)`（其中，level 是 severe、warning、info 等中的一个）和 `Logger.log(Level level, String message, Object[] parameters)`。下面展示它们的用法。

OrderService.java

```
22      @Transactional
23      public void save(Order order) {
24          log.fine("Trying to save order.");
25          entityManager.persist(order);
26      }
```

OrderMaker.java

```
32      public void makeRandomOrder() {
33          List<Ingredient> flavors = ingredientService.getFlavors();
34          List<Ingredient> toppings = ingredientService.getToppings();
35          Ingredient myFlavor = getRandom(flavors, 1).get(0);
36          List<Ingredient> myToppings = getRandom(toppings, 3);
37          myToppings.add(myFlavor);
38
39          Order order = new Order(toppings, 1);
40          orderService.save(order);
41          log.log(Level.INFO, "Saved Order ID {0}!", order.getId());
42      }
```

运行上面的示例代码，日志信息会转存到控制器和一个文件中。另外，特意制造了一个错误，这样你就能看到异常是如何记录的。

9.2　Log4j

Log4j 是最早的第三方 Java 日志框架之一，现在仍然广受欢迎。Log4j 有两个主要概念：附加器（appender）和日志记录器。附加器是日志输出目的地，负责指明日志输出位置，比如 stdout、文件、数据库等。日志记录器负责收集日志信息，并把它们发送到一个或多个附加器。

Log4j 通过 XML、JSON、YAML 或属性文件来配置。这些文件的结构一样，但是语法明显不同。示例选用了 YAML，但请注意，它可以轻松转换成其他任意格式。配置的第一部分用于设置总体属性。这里，最重要的是保存在 format 属性中的模式。

log4j2.yml

```
1  Configuration:
2    status: warn
3    name: IScream
4    properties:
5      property:
6        name: format
7        value: "[%5p] %d %c{1.} [%t] %m%n"
8    thresholdFilter:
9      level: debug
```

> **更多内容：Log4j 日志输出格式**
>
> Log4j 日志输出格式看上去让人眼花缭乱，从零开始编写不可取。你应该使用公司制定的标准日志输出格式。当然，如果你确实需要调整日志输出格式，可以查阅 Pattern Layout 文档。
>
> 提示：日志输出格式很容易就写得过于复杂，导致代价高昂。Pattern Layout 文档提到了一些会导致高昂代价的"东西"，比如日志语句的文件、方法、行等。除非你确实需要，否则不要使用它们。（请记住：栈跟踪会提供错误的完全限定类名和行号。）

接下来，我们定义两个附加器，一个是控制台附加器，负责把日志输出到 stdout；另一个是滚动日志文件附加器，负责把日志写到 iscream.log。Log4j 提供了大量不同类型的附加器，可满足你的各种需求。

log4j2.yml

```
11   appenders:
12     Console:
13       name: STDOUT
14       PatternLayout:
15         Pattern: ${format}
16     RollingFile:
17       name: File
18       fileName: iscream.log
```

```
19        filePattern: iscream-%d{yyyy-MM-dd}-%i.log
20        defaultRolloverStrategy:
21          max: 10
22        policies:
23          sizeBasedTriggeringPolicy:
24            size: 1 MB
25        PatternLayout:
26          Pattern: ${format}
```

最后，配置记录器。

log4j2.yml

```
29    Loggers:
30      Root:
31        level: error
32        AppenderRef:
33          -
34            ref: STDOUT
35            ref: File
36
37      logger:
38        -
39          name: com.letstalkdata
40          level: debug
41          additivity: false
42          AppenderRef:
43            -
44              ref: STDOUT
45              level: debug
46            -
47              ref: File
48              level: warn
```

所有 Log4j 文件必须定义一个根记录器（root logger），通常还要为项目本身定义一个自定义记录器。记录器的名字非常重要：如果根据类名来命名记录器，你可以在包级别控制日志。如果你需要在不同级别对应用程序的不同层做日志记录，或者想调试第三方代码，这会非常有用。这个特定配置会把调试（或高于调试的）语句直接从 com.letstalkdata 输出到 stdout，把警告（或高于警告的）语句从 com.letstalkdata 输出到 stdout 和 iscream.log，把错误（或高于错误的）语句从所有包输出到 stdout 和 iscream.log。与 JUL 示例一样，建议你动手修改设置，看看这些改动对日志记录产生的影响。

日志记录的代码和 JUL 语法类似。在 Log4j 中，我们使用 org.apache.logging.log4j.LogManager 来生成 org.apache.logging.log4j.Loggers。

OrderService.java

```
15      private static final Logger log = LogManager.getLogger(OrderService.class);
```

写日志的语法稍微简单一点。日志级别的方法有：trace、debug、info、warn、error 和 fatal。这些方法也包含了大量记录异常（Throwables）的选项，以及参数化日志消息。

OrderService.java

```
22      @Transactional
23      public void save(Order order) {
24          log.debug("Trying to save order.");
25          entityManager.persist(order);
26      }
```

OrderMaker.java

```
31      public void makeRandomOrder() {
32          List<Ingredient> flavors = ingredientService.getFlavors();
33          List<Ingredient> toppings = ingredientService.getToppings();
34          Ingredient myFlavor = getRandom(flavors, 1).get(0);
35          List<Ingredient> myToppings = getRandom(toppings, 3);
36          myToppings.add(myFlavor);
37
38          Order order = new Order(toppings, 1);
39          orderService.save(order);
40          log.info("Saved Order ID {}!", order.getId());
41      }
42
43      public void makeBadOrder() {
44          try {
45              Order order = new Order();
46              orderService.save(order); // 本行用于触发错误
47          } catch (PersistenceException e) {
48              log.error("Error saving order!", e);
49          }
50      }
```

落后警告：Log4j1

2014 年，Log4j 发布了一个向后不兼容的版本 2。尽管 Log4j2 包含了许多改进，但是其兼容性问题导致应用程序和示例有可能出现"Log4j1"。虽然迁移相对容易，但是对于日志记录，我们通常遵循"没问题就不动它"的原则。最值得注意的是，Log4j1 的配置文件看起来有所不同。本书示例代码包含一个 Log4j1 项目示例，其项目日志和 Log4j2 项目几乎完全一样。

9.3 Logback

关于 Logback，其官方文档写到：Logback 旨在成为流行的 Log4j 的继承者。尽管 Log4j 广受欢迎，但是多年的检验发现其存在许多问题。因此，Log4j 的创建者决定重写一个日志框架，这就是 Logback。Logback 1.0.0 在 2011 年就推出了，但是直到最近几年，人们才开始大量使用它。

配置 Logback 时，我们可以使用 logback.xml 文件或 loback.groovy 文件。与 Log4j 一样，Logback 中也有附加器和记录器的概念，并且大部分术语都是相似的。下面的配置文件负责把日志输出到控制台和滚动文件中。

logback.xml

```
 1  <?xml version="1.0" encoding="UTF-8"?>
 2  <configuration>
 3      <property name="format" value="[%5p] %d %c{35} [%t] %m%n"/>
 4
 5      <appender name="STDOUT" class="ch.qos.logback.core.ConsoleAppender">
 6          <layout class="ch.qos.logback.classic.PatternLayout">
 7              <Pattern>${format}</Pattern>
 8          </layout>
 9      </appender>
10
11      <appender name="FILE"
12                class="ch.qos.logback.core.rolling.RollingFileAppender">
13          <file>iscream.log</file>
14          <encoder class="ch.qos.logback.classic.encoder.PatternLayoutEncoder">
15              <Pattern>${format}</Pattern>
16          </encoder>
17
18          <rollingPolicy
19                  class="ch.qos.logback.core.rolling.FixedWindowRollingPolicy">
20              <fileNamePattern>iscream.%i.log.zip</fileNamePattern>
21              <minIndex>1</minIndex>
22              <maxIndex>10</maxIndex>
23          </rollingPolicy>
```

```
24              <triggeringPolicy
25                  class="ch.qos.logback.core.rolling.SizeBasedTriggeringPolicy">
26              <maxFileSize>10MB</maxFileSize>
27              </triggeringPolicy>
28
29      </appender>
30
31      <root level="ERROR">
32          <appender-ref ref="STDOUT"/>
33          <appender-ref ref="FILE"/>
34      </root>
35
36      <logger level="DEBUG" name="com.letstalkdata" additivity="false">
37          <appender-ref ref="STDOUT"/>
38      </logger>
39  </configuration>
```

Logback 的日志输出格式和 Log4j 很相似，但更易使用。比如使用%c 时，你可以指定需要的长度，Logback 还能智能地对包进行缩写，以满足所需长度。

Logback 与之前的日志框架最大的不同是，它并未提供自己的日志记录 API，而是依赖于 SLF4J 门面 API。也就是说，在代码中，我们要使用 org.slf4j.LoggerFactory 来创建 org.slf4j.Loggers。SLF4J 应用很广泛，不只用于 Logback，还应用于其他各种日志系统，下面详细介绍。

9.4 SLF4J

开发 Java 库时，我们会遇到一个问题，那就是做日志记录时如何实现既提供有用信息又不太麻烦。直接写到 STDOUT 显然很麻烦，我们应该选择一个日志提供器并且强制库的用户配置它。解决方案就是使用日志门面。

这到底是什么？

正确配置之后，SLF4J 就成为所有日志的前端。库和客户代码通过 SLF4J API 把日志发送到 SLF4J，而后 SLF4J 在内部把日志消息发送给所选择的日志提供器，比如 Log4j、JUL 等。

虽然日志门面学起来有点难，但它会让日志记录工作变得简单。SLF4J API 也很好用。

使用 SLF4J 时，你需要一个"绑定器"（binder）来在 SLF4J 和日志提供器之间进行转换。示例代码使用了 Log4j，这意味着要引入 log4j-slf4j-impl 绑定器。也就是说，我们要用到四个依赖项：SLF4J API slf4j-api（和绑定器打交道）、log4j-slf4j-impl（用于发送日志消息给

Log4j `log4j-core`)、Log4j `log4j-core` 和 Jackson `jackson-dataformat-yaml`（用于配置 Log4j `log4j-core`)。

9.3 节提到过，我们使用 SLF4J 的 `LoggerFactory` 创建记录器实例。

OrderService.java

```
15      private static final Logger log =
16              LoggerFactory.getLogger(OrderService.class);
```

Log4j 的六种日志级别有五种可以用于 SLF4J：trace、debug、info、warn 和 error。和 Log4j 一样，在 Logback 中这些日志级别都有相应的方法，并且带有许多选项，用于传入参数或异常（Throwable）。

OrderService.java

```
23      @Transactional
24      public void save(Order order) {
25          log.debug("Trying to save order.");
26          entityManager.persist(order);
27      }
```

OrderMaker.java

```
31      public void makeRandomOrder() {
32          List<Ingredient> flavors = ingredientService.getFlavors();
33          List<Ingredient> toppings = ingredientService.getToppings();
34          Ingredient myFlavor = getRandom(flavors, 1).get(0);
35          List<Ingredient> myToppings = getRandom(toppings, 3);
36          myToppings.add(myFlavor);
37
38          Order order = new Order(toppings, 1);
39          orderService.save(order);
40          log.info("Saved Order ID {}!", order.getId());
41      }
42
43      public void makeBadOrder() {
44          try {
45              Order order = new Order();
46              orderService.save(order); //本行用于触发错误
47          } catch (PersistenceException e) {
48              log.error("Error saving order!", e);
49          }
50      }
```

9.5 JCL

JCL（Java Commons Logging）是另一个可以替代 SLF4J 的门面框架，它能够使日志记录变得更简单。JCL 的配置方法与 SLF4J 类似，你必须把门面和提供器之间的链接添加到类路径中。SLF4J 把这种链接称为"绑定器"，而 JCL 称其为"桥接器"（bridge）。同样，我们需要用到四个依赖项：JCL API commons-logging（和桥接器打交道）、log4j-jcl（桥接器，用于发送日志消息给 log4j-core）、Log4j log4j-core 和 Jackson jackson-dataformat-yaml（负责配置 log4j-core）。

然后，我们使用 org.apache.commons.logging.LogFactory 创建 org.apache.commons.logging.Logs。

OrderService.java

```
15      private static final Log log = LogFactory.getLog(OrderService.class);
```

Log4j 中的六种日志级别都可以在 JCL 中使用（包括 SLF4J 不支持的"fatal"）。不过，JCL 中日志方法的限制性要多一点，不支持参数，所以你必须先准备日志消息。

OrderService.java

```
22      @Transactional
23      public void save(Order order) {
24          log.debug("Trying to save order.");
25          entityManager.persist(order);
26      }
```

OrderMaker.java

```
31      public void makeRandomOrder() {
32          List<Ingredient> flavors = ingredientService.getFlavors();
33          List<Ingredient> toppings = ingredientService.getToppings();
34          Ingredient myFlavor = getRandom(flavors, 1).get(0);
35          List<Ingredient> myToppings = getRandom(toppings, 3);
36          myToppings.add(myFlavor);
37
38          Order order = new Order(toppings, 1);
39          orderService.save(order);
40          log.info(String.format("Saved Order ID %d!", order.getId()));
41      }
42
43      public void makeBadOrder() {
44          try {
45              Order order =new Order();
```

```
46              orderService.save(order); //本行用于触发错误
47          } catch (PersistenceException e) {
48              log.error("Error saving order!", e);
49          }
50      }
```

9.6 小结

试图厘清所有 Java 日志方法相当不易，最好代码库已经确立了明确的标准。最重要的是你要了解两种方法：直接使用提供器或者使用门面。一旦你确定了要在代码库中使用的方法，接下来就只是选择正确的 API 了。

9.7 参考资源

Apache Log4j 2. Apache Logging Services, 2017.
https://logging.apache.org/log4j/2.x/.

Apache Commons. Apache Commons Logging, 2014.
https://commons.apache.org/proper/commons-logging/index.html.

SLF4J. Documentation, 2017.
https://www.slf4j.org/docs.html.

Oracle. Java Logging Overview, 2001.
https://docs.oracle.com/javase/8/docs/technotes/guides/logging/overview.html.

Logback. Logback documentation, 2017.
https://logback.qos.ch/documentation.html.

第 10 章　有用的第三方库

虽然 Java 标准库已经相当完善了，但是开源社区也贡献了一些不错的库，这些库在某些方面表现得更好，所以你需要熟悉它们。由于 Java 标准库不支持 JSON，所以我们先介绍 Google 的 Gson 和 FasterXML 的 Jackson。接着介绍一些通用的库，如 Google 的 Guava 和 Apache Commons。最后简单了解一下 JodaTime 库，这个日期时间库在 Java 8 发布之前常用。

10.1　JSON 支持

为了演示 POJO 和 JSON 之间的转换，我们向 IScream Web 应用程序中添加两个新的控制器路由。第一个端点用于显示数据库中的所有订单，第二个端点使用 JSON 创建订单。不过，这些例子只为帮助你学习使用 JSON 库，它们并不是 RESTful Web service 的例子。关于使用 Spring Boot 搭建一个真实 Web 服务的方法，请参考 "Building a RESTful Web Service"[①]。

10.1.1　Google Gson

所有 Gson 操作都依赖于一个 com.google.gson.Gson 实例。Gson 对象是线程安全的，所以通常只需要为整个应用程序创建一个即可。虽然可以使用 new Gson() 创建实例，但是其默认设置几乎都不是你所需要的。其实，你可以使用 GsonBuilder 定制 Gson 对象。示例如下。

OrderController.java

```
64      private static final Gson GSON = new GsonBuilder()
65              .setPrettyPrinting()
66              .setFieldNamingPolicy(FieldNamingPolicy.LOWER_CASE_WITH_UNDERSCORES)
67              .create();
```

一旦有了 Gson 对象，就可以使用 fromJson 和 toJson 方法在 POJO 和 JSON 之间进行转换。可以重载这些方法来处理不同的对象，但我最常用的是 Gson.fromJson(String json, Class<T> classOfT) 和 Gson.toJson(Object src)。

---

① https://spring.io/guides/gs/rest-service/

新的控制器路由如下所示。

OrderController.java

```
69      @RequestMapping(value = "/fromJson", method = RequestMethod.POST,
70              produces = "application/json")
71      @ResponseBody
72      public String createOrderFromJson(@RequestBody String orderJson) {
73          Order order = GSON.fromJson(orderJson, Order.class);
74          orderService.save(order);
75
76          return GSON.toJson(order);
77      }
78
79      @RequestMapping(value = "", method = RequestMethod.GET,
80              produces = "application/json")
81      @ResponseBody
82      public String all() {
83          List<Order> orders = orderService.getAllOrders();
84          return GSON.toJson(orders);
85      }
```

你可以使用UI创建一个订单（/orders/new），然后导航到新端点以查看订单。

```
[
  {
    "id": 1,
    "flavor": {
      "id": 2,
      "name": "Chocolate",
      "unit_price": 1.5000
    },
    "scoops": 2,
    "toppings": [
      {
        "id": 5,
        "name": "Cherry",
        "unit_price": 0.2500
      },
      {
        "id": 8,
        "name": "Sprinkles",
        "unit_price": 0.2500
      }
    ]
  }
]
```

此外，你还可以使用 Postman 或 curl 等工具将订单以 POST 方式发送到位于 /orders/fromJson 的数据库中，如下所示。

```
{
  "flavor": {
    "id": 2,
    "name": "Chocolate",
    "unit_price": 1.5000
  },
  "scoops": 2,
  "toppings": [
    {
      "id": 5,
      "name": "Cherry",
      "unit_price": 0.2500
    },
    {
      "id": 7,
      "name": "Peanuts",
      "unit_price": 0.2500
    }
  ]
}
```

查看示例代码，你会发现我没有使用 Hibernate，因为 Gson 并未提供一个简单的方法来忽略单个属性，而且在 Order 和 OrderLineItemss 之间存在循环引用。稍后将展示 Jackson 如何在 Hibernate 中更好地发挥作用。

10.1.2　Jackson

与 Gson 类似，在 Jackson 中，所有 JSON 操作都使用同一个线程安全的对象来完成所有工作，这就是 com.fasterxml.jackson.databind.ObjectMapper。但与 Gson 不同，Jackson 中的序列化和反序列化配置通常不在 ObjectMapper 级别上进行，而是在各个对象上进行。

与介绍过的其他工具一样，Jackson 使用注解进行配置。默认情况下，使用 getter 和 setter 方法判断一个对象应该包含哪些字段，所以如果你觉得默认设置可行，就不必用注解了。不过，大多数使用 JSON 的应用程序对 JSON 的形成方式有一些特殊要求，尤其是 Web 服务。我们将使用 @JsonProperty(String name) 和 @JsonIgnore 注解，但是，除此之外，还有许多其他注解可以满足你的需求。

在 OrderLineItem 类中，我们需要忽略 Order 引用，防止出现前面提过的循环引用问题。

OrderLineItem.java

```
17      @ManyToOne(fetch = FetchType.LAZY)
18      @JoinColumn(name = "purchase_id")
19      @JsonIgnore
20      private Order order;
```

此外，由于 Jackson 使用 getter 方法来确定需要序列化的属性，我们还要忽略负责计算的 getLineItemCost 方法。

OrderLineItem.java

```
71      @JsonIgnore
72      public BigDecimal getLineItemCost() {
73          return ingredient ==null|| units ==null
74              ? BigDecimal.ZERO
75              : ingredient.getUnitPrice().multiply(BigDecimal.valueOf(units));
76      }
```

对于 JSON，我更喜欢使用 snake_case，所以使用@JsonProperty 可以更改特定属性的名称[①]，如下所示。

Order.java

```
77      @JsonProperty("total_price")
78      public BigDecimal getTotalPrice() {
```

ObjectMapper 有几个 readValue 和 writeValue 方法，类似于 Gson 的 fromJson 和 toJson 方法。它们在控制器中的使用方法如下。

OrderController.java

```
67      private static final ObjectMapper MAPPER = new ObjectMapper();
68
69      @RequestMapping(value = "/fromJson", method = RequestMethod.POST,
70              produces = "application/json")
71      @ResponseBody
72      public String createOrderFromJson(@RequestBody String orderJson)
73              throws Exception {
74          Order order = MAPPER.readValue(orderJson, Order.class);
75          order.getOrderLineItems().forEach(li -> li.setOrder(order));
76          orderService.save(order);
77
```

---

① 也可以使用 MAPPER.setPropertyNamingStrategy(PropertyNamingStrategy.SNAKE_CASE)设置全局行为。

```
78          return MAPPER.writeValueAsString(order);
79      }
80
81      @RequestMapping(value = "", method = RequestMethod.GET,
82              produces = "application/json")
83      @ResponseBody
84      public String all() throws Exception {
85          List<Order> orders = orderService.getAllOrders();
86          return MAPPER
87                  .writerWithDefaultPrettyPrinter()
88                  .writeValueAsString(orders);
89      }
```

如何在两个库之间做选择主要取决于你需要的特性。Gson 容易设置，但不如 Jackson 灵活。性能上，Jackson 在处理大型文件时表现得更出色，而 Gson 在处理小文件时表现得更好。

10.2　实用工具库

Java 有很多通用的实用工具库。实际上，每个公司可能有自己的实用工具库。下面重点介绍两个常用的实用工具库：Guava 和 Apache Commons。

10.2.1　Guava

1. 集合

Guava 提供了许多创建集合的实用方法，这些方法方便易用。例如，我们经常通过下面的方式创建由少量对象组成的集合。

```
List<String> myList = Arrays.asList("blue", "green", "yellow");

Set<String> mySet = new HashSet<>();
mySet.add("blue");
mySet.add("green");
mySet.add("yellow");
```

使用 Guava 库，做法如下。

```
        List<String> myList = ImmutableList.of("blue", "green", "yellow");
        Set<String> mySet = ImmutableSet.of("blue", "green", "yellow");
```

当然，如果你用的是 Java 9，也可以使用内置的 `List.of()` 方法。

Guava 库中还包含一些新的集合类型，比如 Multiset、BiMap 和 Table。

```
BiMap<String, String> usersToEmail = HashBiMap.create();
usersToEmail.put("footballfan", "bill@example.com");
usersToEmail.put("dragon", "sue@something.org");

assert "dragon".equals(usersToEmail.inverse().get("sue@something.org"));

Multiset<String> multi = HashMultiset.create();
multi.add("a");
multi.add("b");
multi.add("b");
multi.add("c");
multi.add("c");
multi.add("c");

assert 3 == multi.count("c");

Table<Integer, String, Double> data = HashBasedTable.create();
data.put(1, "Abe Bondley", 68000.00d);
data.put(2, "Helli Sivewright", 54000.00d);
data.put(3, "Kevan Loughtan", 45000.00d);

assert 45000.00d == data.row(3).get("Kevan Loughtan");
assert 68000.00d == data.column("Abe Bondley").get(1);
```

2. 字符串

Java 中，通常可以使用 String.split() 拆分字符串，但有时它的行为不可靠，对于用户提供的数据，它可能无法给出理想的结果。而 Guava 中的 Splitter 类拆分字符串的行为很明确，它会完全按照设置执行。

```
Iterable<String> it = Splitter.on(',')
        .trimResults()
        .omitEmptyStrings()
        .split("foo,bar,,    qux");

List<String> strings = Lists.newArrayList(it);

assert 3 == strings.size();
assert "foo".equals(strings.get(0));
assert "bar".equals(strings.get(1));
assert "qux".equals(strings.get(2));
```

此外，还有一些实用工具方法可以转换大小写，如下所示。

```
assert "hello-world".equals(CaseFormat.UPPER_UNDERSCORE
        .to(CaseFormat.LOWER_HYPHEN, "HELLO_WORLD"));
```

3. 缓存

你可能听过这样的话："计算机科学中只有两件难事：缓存失效和命名。"Guava库力图简化第一件事。缓存在很多方面都很有用，但是不易实现。我们可以使用Guava库来做这项工作，这能大幅降低犯错的风险。

```
final AtomicInteger cacheHits = new AtomicInteger();
LoadingCache<String, String> values = CacheBuilder.newBuilder()
        .maximumSize(10)
        .expireAfterAccess(1, TimeUnit.HOURS)
        .build(new CacheLoader<String, String>() {
            @Override
            public String load(String key) throws Exception {
                //一些开销很大的操作
                Thread.sleep(1000);
                cacheHits.incrementAndGet();
                return key + "foo";
            }
        });

values.get("abc");
values.get("abc");
values.get("abc");

assert 1 == cacheHits.get();
```

4. 其他

关于Guava库还有很多内容，这里不再多讲，但是这些内容值得好好学习。请注意，如果你用的是最新版本的Java，那Guava中的某些类可能无法正常工作，比如在很大程度上com.google.common.base.Optional被java.util.Optional取代了。

10.2.2 Apache Commons

Apache Commons库包含大量有用的工具，有助于Java开发者完成一些常见任务。事实上，第9章介绍过一个库了。此外，还有其他一些实用工具，下面重点介绍其中几个。

1. commons.lang库

commons.lang库的设计目标是扩展java.lang包中的类。StringUtils类扩展了String类中的许多方法，并且是null安全的。如下所示。

```
assert !StringUtils.endsWith(null, "foo");
assert null == StringUtils.reverse(null);
```

对于常见 String 任务，commons.lang 也提供了很多有用的方法。

```
assert StringUtils.isEmpty(null);
assert StringUtils.isEmpty("");

assert StringUtils.isNumeric("123");

assert "00123".equals(StringUtils.leftPad("123", 5, '0'));

assert "Hello, World!"
        .equals(StringUtils.normalizeSpace(" Hello,   World!  "));

assert "Hello".equals(StringUtils.capitalize("hello"));
```

接触 Java 这么多年，我至今不清楚 java.util.Random 为什么不提供生成特定范围内随机数的方法，而 RandomUtils 加入了这些方法。

```
int random = RandomUtils.nextInt(5, 10);
assert random >= 5 && random < 10;
```

ClassUtils 类简化了实际类的使用方法，并且它不使用反射，因此速度很快。

```
assert "java.lang".equals(ClassUtils.getPackageName(String.class));
assert "String".equals(ClassUtils.getSimpleName(String.class));
```

2. commons.collections

Commons Collections 库新增了几个集合类型和实用工具。类似于 Guava，它支持双向 Map。

```
BidiMap<String, String> usersToEmail = new DualHashBidiMap<>();
usersToEmail.put("footballfan", "bill@example.com");
usersToEmail.put("dragon", "sue@something.org");

assert "dragon".equals(usersToEmail.getKey("sue@something.org"));
```

此外，还有 SetUtils 类、ListUtils 类和 MapUtils 类，用于处理相应的集合类型。示例如下。

```
Set<Integer> a = new HashSet<>(Arrays.asList(1,2,3,4));
Set<Integer> b = new HashSet<>(Arrays.asList(1,2,4));
SetUtils.SetView<Integer> result = SetUtils.difference(a, b);

assert 1 == result.size();
assert result.contains(3);
```

3. commons.io 库

Java IO 操作烦琐是出了名的，这个问题在 Java 7 中发布的 nio 包中有了一些改善，但是在许多常见任务中使用时仍然显得繁复。Apache commons.io 库抽象出了很多样板代码。当你使用的另一个库没有提供理想的数据时，这个库特别有用。例如，假设你得到了一个 InputStream，但你想要一个字符串。

```
final String DROM = "src/test/resources/declaration.txt";
File declaration = Paths.get(DROM).toFile();
InputStream is = new FileInputStream(declaration);

char[] read = IOUtils.toCharArray(is, Charset.defaultCharset());
is.close();

assert new String(read).startsWith("The representatives");
```

类似地，把数据流复制给 Writer 或 Reader 的方法如下。

```
StringWriter sw = new StringWriter();
is = new FileInputStream(declaration);
IOUtils.copy(is, sw, Charset.defaultCharset());
is.close();

assert sw.toString().startsWith("The representatives");
```

FileUtils 类提供了一些有用的方法，便于我们使用文件和目录。比如，只需一行代码就可以把一个 File 放入一个 String 中。

此外，我们还可以遍历某个目录，并且有选择地忽略此目录下的某些文件或目录。

```
final String DROM = "src/test/resources/declaration.txt";
File declaration = Paths.get(DROM).toFile();
String s = FileUtils.readFileToString(declaration,
        Charset.defaultCharset());

assert s.startsWith("The representatives");
```

4. 其他

类似于 Guava 库，Apache Commons 库也提供了大量有用的工具，这里不一一列出了。你可以去其官网详细了解，并尝试将其用于下一个项目。

10.3 Joda Time 库

落后警告

在 Java 8 之前，Java 日期时间库使用起来既容易出错又很麻烦。于是 Joda Time 库的创建者们便考虑编写一个易用且安全的日期时间库。Java 8 引入了 java.time 包（从 Joda Time 库中借鉴了很多），并且修正了旧 java.util.Date 类的许多问题。不过，即便你所在的团队已经迁移到了 Java 8，在 Java 8 之前的项目中，你仍然可能见到 Joda Time 库。

Joda Time 库的核心是 Instant 类，表示 UNIX 新纪元时间轴上一个瞬时的点。通常，无须创建 Instant 对象，但是你要使用它们把 Joda Time 对象转换成其他 Joda Time 对象。

```
assert 1483246800000L == Instant.parse("2017-01-01").getMillis();

assert 1483246800000L == Instant.parse("2017-01-02")
        .minus(24 * 60 * 60 * 1000)
        .getMillis();

assert Instant.parse("1900-01-01").getMillis() < 0;
```

DateTime 对象极其强大，它可能是最常用的对象，绝大部分应用程序都会用到。你可以使用整数手动创建它，也可以通过解析字符串或者从 Instant 对象转换得到它。

```
DateTime dt = new DateTime(2017, 1, 1, 0, 1, 23);
System.out.println(dt.toString());
assert dt.toString().startsWith("2017-01-01T00:01:23.000");

assert DateTime.now().isAfter(Instant.parse("2017-01-01"));
```

Period 类表示两个时间点之间的时间段，便于确定事件间的时间间隔。它并未精确至毫秒，所以通常用于描述人类的不同体验，比如某个事件发生的天数、计算某人从出生之日起的年龄等（如果你需要精确到毫秒，请使用 Duration 类）。重要的是它能正确处理夏令时和闰年。虽然 Period 是一个具体类，但它与 Years、Months、Days 等子类配合使用更加方便。

```
DateTime start = new DateTime(2017, 1, 1, 0, 0);
DateTime end = new DateTime(2018, 1, 1, 0, 0);
assert 1 == Years.yearsBetween(start, end).getYears();
assert 525600 == Minutes.minutesBetween(start, end).getMinutes();
```

处理时区很麻烦，但是借助 Joda Time 库，你可以很轻松处理它们。除非特别指定，否则 DateTime 对象使用系统时区。清楚起见，创建 DateTime 时，最好使用可以接收时区的重载构造函数，即使时区保持不变，也应这样做。

```
DateTimeZone UTC = DateTimeZone.UTC;
DateTimeZone NYC = DateTimeZone.forID("America/New_York");

DateTime utc = new DateTime(2017, 1, 1, 0, 0, UTC);
DateTime nyc = new DateTime(2017, 1, 1, 0, 0, NYC);

assert nyc.getMillis() == utc.plusHours(5).getMillis();
```

Joda Time 库还有一个很好的特性，即其对象都是不可变的且是线程安全的，当然，前提是你未明确选用 MutableDateTime 类。

Java 疣：`java.util.Date`

相比于 Joda Time，旧的 Data 类有哪些不足之处呢？确实有很多。Jon Skeet 的博客对此做了很好的总结，但也许最糟糕的是类名与其功能脱节。`java.util.Date` 不表示日期，而是表示某个瞬间，因此 `getMonth()`、`toGMTString()` 等操作没有实际意义。事实上，这些方法（及其他一些方法）都已经弃用了。

10.4 小结

Guava 和 Apache Commons 可以减少样本代码的使用，扩展 Java 语言的功能，同时减少错误的发生。当然，你并不需要在每个项目中都使用这些库，但对于大型代码库来说，它们的确很有用。此外，还要记住，你可以很容易地通过添加一些常用的依赖项来扩展项目。因此，我们要学会适当地运用这些库，并在把它们添加到项目之前确认它们会发挥作用。最后，如果你正在处理一个遗留应用程序（Java 8 之前的），那相比于标准库中的 Date 类，绝大数情况下，Joda Time 库都是更好的选择。

10.5 参考资源

Google Guava. User Guide, 2016-10-24. https://github.com/google/guava/wiki.

Joda Time. User Guide, 2017-03-23. http://www.joda.org/joda-time/userguide.html.

Apache Commons. Welcome to Apache Commons, 2017-08-01. https://commons.apache.org.

附录 A Docker

Docker 是一个开源应用容器引擎，允许应用程序在主机系统的隔离环境中运行。Docker 和虚拟机在概念上类似，但是它们之间的关键区别是：Docker 容器并不包含整个操作系统。相反，它们只是些小的软件包，内核操作全部委托给主机。因此它们很小（通常只有几百 MB），非常灵活且高效。

在 Java 体系中，Docker 允许我们把应用程序的所有支持软件捆绑在一起，并把它们部署在服务器的一个独立区域中。比如，有一个打包成 .war 文件的应用程序部署在 Tomcat 中，后端连接着一个 Postgres 数据库，所有这些都可以部署到一个容器之中。移除或者重新部署应用程序也很简单，只需要执行一条 Docker 提交命令即可。

 超前警告：Docker

虽然 Docker 并非全新的东西，但是很多公司都没有相应的架构支持这样的容器技术。对于应用程序开发和部署来说，Docker 是一种新颖且强大的技术，整个行业正朝着容器化方向发展。你所在的公司可能没有马上采用它。如果你想轻松入门，可以在项目开发中试用 Docker，开展一些峰值研究和项目测试工作。

A.1 创建 Docker 镜像

部署 Docker 容器的第一步是创建一个 Docker 镜像。这个镜像包含应用程序的所有组件，并长期存在于 Docker 实例中。重要的是，镜像是可以分层叠加的。所以，通常在基本镜像的基础上，根据应用程序的需求做相应调整。这可以通过 Dockerfile 来完成。

Dockerfile 多以 FROM 命令开头，这个命令告诉 Docker 启动哪个基础镜像。下面列出了 Java 开发者们常用的一些基础镜像。

- openjdk：Java JDK
- azul/zulu-openjdk：另一个 JDK
- tomcat：Tomcat 应用程序服务器
- jboss/wildfly：Wildfly 应用程序服务器

- alpine：微型 Linux 内核

你可以使用 image:tag（镜像:标签）这种格式来指定具体使用的镜像版本，比如 openjdk:8-jdk-alpine。

此外，Dockerfile 还包含大量其他命令，像 ADD（添加资源）、ENV（设置环境变量）等。比如，下面这个 Dockerfile 用于创建一个 Spring Boot Web 应用程序镜像。

Dockerfile

```
1  FROM openjdk:8-jdk-alpine
2  ADD build/libs/iscream-web-0.0.1-SNAPSHOT.jar app.jar
3  ENTRYPOINT [ "sh", "-c", "java -jar /app.jar" ]
```

ENTRYPOINT 告诉 Docker 容器启动时要运行什么。这一点非常重要，否则，Docker 容器只会启动微型 Alpine Linux，其他什么也不做。

实际创建镜像时，我们可以执行 docker build --tag=iscream 命令，其中 tag 是可选的，如果不指定，Docker 会随机为镜像定一个名字。首次创建镜像需要一分钟左右，因为所有基础镜像都要从网上下载。但是之后再创建时，速度会非常快，因为 Docker 已经保存了这些基础镜像。

A.2 部署 Docker 容器

当镜像创建好之后，就可以从它开始创建一个或多个容器了。通常容器都是相对短期且一次性的。当需要长久存储数据时，我们会用到 Docker 数据卷。当你需要部署新版本的代码或者使用不同参数来配置应用程序时，原有的容器就会被废弃。你甚至可以创建高替换性的容器，当它们的工作结束时，Docker 会自动将其删除。这对于批处理或 ETL 等工作非常有用，因为在完成这些工作后相应的容器就不再驻留了。

你可以使用 docker run -d -p 8080:8080 iscream 创建一个非常简单的容器。该命令会在后台（-d）启动一个 iscream 镜像的实例，随机赋予它一个名字，指定内部端口 8080 到主机端口 8080（-p）。上面的命令提交之后，你可以前往 http://localhost:8080/orders/new page 查看程序。

你可以运行 docker ps 命令来查看容器名称，通过 docker stop container_name 命令停止指定的容器，以及运行 docker rm container_name 命令将其删除。

当然，docker run 命令还有很多参数，常用参数如下。

- docker run -it -p 8080:8080 iscream：以"交互"模式运行一个容器。
- docker run -d --rm -p 8080:8080 iscream：当容器停止时自动删除它。
- docker run -d --name iscream_dev -p 8080:8080 iscream：把容器实例命名为 iscream_dev。

A.3　注意事项

A.3.1　内存

如果你的 Docker 主机上运行着多个容器（应该这样做！），最好适当限制容器的可用内存。不然，一个应用程序的内存泄露可能对其他应用程序产生不良影响。Docker 允许使用-m 标记为某个容器指定其可用内存，但关键是你还应在 JVM 层面限制内存大小（更多细节，请阅读 Rafael Benevides 撰写的"Java Inside Docker: What You Must Know to Not FAIL"），有如下两步。

首先，调整 `Dockerfile`，把`$JAVA_OPTS` 添加到 `java` 命令。

`ENTRYPOINT [ "sh", "-c", "java $JAVA_OPTS -jar /app.jar" ]`

然后，创建容器时指定容器的内存大小，并使用-e 参数设置`$JAVA_OPTS`。

`docker run -d -p 8080:8080 -m 1536M -e JAVA_OPTS='-Xmx1024m' iscream`

A.3.2　JDK

第 1 章提到过，Java JDK 有多个版本。根据 Oracle 的许可协议，在 Docker 中使用 Oracle JDK 似乎是不合法的。解决办法是使用自由许可的 JDK，比如 OpenJDK。这适用于大多数情况。不过，由于标记名称的变化，你可能不小心使用了自己并不想用的 JDK 版本。例如，`8-jdk-alpine` 并未具体指定 JDK 版本，它可以指 Java 8 的任何版本。

为了解决这个问题，我们可以使用更具体的标签名称，比如 `8u131-jdk-alpine`（但还是没有指向特定的 JDK 提交）。或者，你也可以选用一个经过正规测试的 JDK，比如 Zulu，其标签和特定提交相关联，比如 `8u144-8.23.0.3`。

不管怎样，我最常使用 OpenJDK，并且不觉得版本问题有多么困扰。我相信 OpenJDK 经过了很好的测试。不过，对于不容许出现任何 JDK bug 的重要软件，我不会使用它。至于你，请根据实际情况选择合适的 JDK。

A.4　参考资源

Docker. Docker Documentation, 2017.
https://docs.docker.com.

Jaroslaw Krochmalski. Docker and Kubernetes for Java Developers: Packt, 2017.
https://www.packtpub.com/virtualization-and-cloud/docker-and-kubernetes-java-developers.

技术改变世界・阅读塑造人生

Java 轻松学

- 针对Java零基础读者
- 通过开发实际应用和游戏上手Java，学习曲线平缓

作者：Bryson Payne
译者：袁国忠

Java 技术手册（第 6 版）

- 帮助有经验的Java程序员充分使用Java 7和Java 8的功能，也可供Java新手学习
- 通过大量示例演示如何充分利用现代API和开发过程中的最佳实践

作者：Benjamin J Evans , David Flanagan
译者：安道

Java 8 实战（第 2 版即将上市）

- Java 8终极指南
- 通过新的Stream API及Lambda表达式等示例全面讲解Java 8新特性，为Java程序员开启函数式编程的大门

作者：Raoul-Gabriel Urma , Mario Fusco , Alan Mycroft
译者：陆明刚，劳佳